新世纪电子信息与电气类系列规划教材

电 装 制 图

（第 2 版）

主　编　　郑仲桥

副主编　　张燕红　翟明静

主　审　　钱显毅

U0242369

东南大学出版社
·南　京·

内 容 提 要

本书全面介绍了电子电气装配制图的主要基础知识和内容：工程制图基本知识和基本概念，计算机绘图基础，包括计算机绘图的相关知识、AutoCAD 绘图软件简介、AutoCAD 2008 的基本绘图命令、AutoCAD 2008 的基本编辑命令，平面图形与投影基础，几何体的投影，物体常用的表达方法，电子电气零件图，电子电气设备紧固件图，电子设备常用件图，低压电气设备常用件图以及电气图。

本书编写力求反映应用型本科的要求和电类专业的教学特点，内容力求由浅入深，循序渐进，通俗易懂，基本概念和基本知识准确清晰，制图中的说明简明扼要，尽量避免繁琐的数学推导，着重论述制图原理和电类制图特点，注重将画法几何、制图和计算机制图的基础知识与电装制图有机地结合起来，并且特别注意以形象直观的形式来配合文字表述，重点突出，以帮助读者掌握电装制图的主要内容。

本书可适应不同层次的读者选用，既可用于高等学校电类本科教学，也适用于各类工程技术人员参考、阅读。

图书在版编目（CIP）数据

电装制图/郑仲桥主编. —2 版. —南京：东南大学
出版社，2013.6（2015.6重印）
　　新世纪电子信息与电气类系列规划教材
　　ISBN 978 - 7 - 5641 - 4289 - 6

　　Ⅰ.①电…　Ⅱ.①郑…　Ⅲ.①机械制图—高等学校—
教材　②电子技术—工程制图—高等学校—教材　Ⅳ.
①TH126　②TN02

中国版本图书馆 CIP 数据核字（2013）第 123770 号

电装制图（第 2 版）

出版发行	东南大学出版社	
出 版 人	江建中	
社　　址	南京市四牌楼 2 号	
邮　　编	210096	
经　　销	江苏省新华书店	
印　　刷	兴化市印刷有限责任公司	
开　　本	787 mm×1092 mm　1/16	
印　　张	15	
字　　数	374 千字	
版　　次	2008 年 7 月第 1 版　2013 年 6 月第 2 版	
印　　次	2015 年 6 月第 2 次印刷	
书　　号	ISBN 978 - 7 - 5641 - 4289 - 6	
印　　数	2501—5000 册	
定　　价	32.00 元	

第2版前言

根据 2003 年 1 月教育部组织召开的全国高等学校教学研究中心在黑龙江工程学院召开的"21 世纪中国高等学校应用型人才培养体系的创新与实践"课题审定会的有关精神,在原高等学校通用的机械制图的基础上,根据应用型本科的要求和电类专业的特点,编写了电装制图的教材。

电装制图主要内容包括两部分:一部分主要是画法几何、制图和计算机制图的基础知识;另一部分主要是电子电气元器件设计制图和电子电气装配制图。为了让读者能全面的、系统的掌握电装制图的知识,达到教育部对应用型本科的要求,在编写本教材时,根据应用型本科的特点,本书在编写过程中,力求由浅入深,循序渐进,通俗易懂,基本概念和基本知识准确清晰,制图中的说明简明扼要,尽量避免繁琐的数学推导,着重论述制图原理和电类制图特点,注重将画法几何、制图和计算机制图的基础知识与电装制图有机地结合起来,并且特别注意以形象直观的形式来配合文字表述,重点突出,以帮助读者掌握关键技术并全面理解本书内容。

本教材共分 8 章:第 1 章主要介绍工程制图基本知识和基本概念,第 2 章主要介绍计算机绘图基础,包括计算机绘图的相关知识、AutoCAD 绘图软件简介、AutoCAD 2008 的基本绘图命令、AutoCAD 2008 的基本编辑命令,第 3 章主要介绍平面图形与投影基础,第 4 章主要介绍几何体的投影,第 5 章主要介绍物体常用的表达方法,第 6 章主要介绍电子电气装配图,第 7 章主要介绍装配图,第 8 章主要介绍电子设备常用件,第 9 章介绍常用低压电器设备与成套装置外形图。

本书由郑仲桥任主编,副主编张燕红和翟明静,主审钱显毅,其中第 1 章由钱显毅编写,第 2 章至第 4 章由郑仲桥编写,第 5 章至第 7 章由张燕红编写,第 8 章和第 9 章由翟明静编写。

为了方便教师教学和与作者交流,本书作者将向该教材的教学单位提供 PPT 及相关教学资料,联系方式:zhengzq@czu.cn。

由于作者水平有限,书中难免有错误或不足之处,敬请广大读者批评、指正。

编 者

2013 年 5 月

目　录

1 工程制图基本知识

国家标准《技术制图》是国家制定的一项基础性的技术标准。为了便于进行科学管理和指导生产及对外技术交流,《技术制图》中对工程图样上的有关内容作出了统一的规定,每个从事管理和技术工作的人员必须掌握并遵守。国家标准代号为"GB",简称"国标"。

本节就图幅、图线、字体、比例、尺寸注法等的有关规定作一简要介绍。

1.1 图纸幅面与格式

1.1.1 图纸幅面

绘制工程图样时,应优先采用表 1.1 所规定的图纸幅面尺寸。

表 1.1　图纸幅面尺寸　　　　　　　　　　（mm）

幅面代号		A0	A1	A2	A3	A4
幅面尺寸($B×L$)		841×1 189	594×841	420×594	297×420	210×297
周边尺寸	a	25				
	c	10			5	
	e	20		10		

在有些情况下,可按规定加长幅面,如图 1.1 所示。加长幅面的尺寸是由基本幅面的短边成整倍数增加后所得。

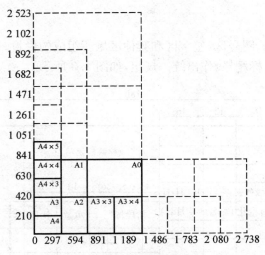

图 1.1　基本幅面与加长幅面

1.1.2　图框格式

图框是指图纸上限定绘图区域的线框。在图样上必须用粗实线画出图框,其格式分为不留装订边和留有装订边两种,每种格式又分为水平放置和竖直放置,但每一种产品图样只能采用一种格式。两种格式如图 1.2 所示,其尺寸大小按表 1.1 中的规定选取。

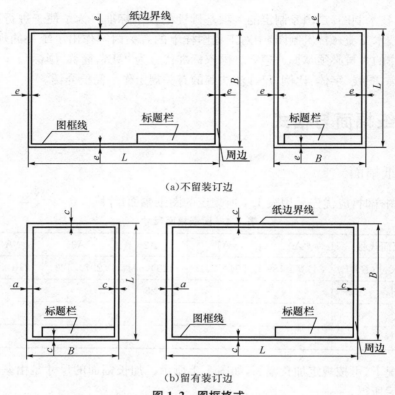

(a)不留装订边

(b)留有装订边

图 1.2　图框格式

1.1.3　标题栏

标题栏是指由名称区、图号区、签字区和其他区域所组成的栏目。其格式已由国家标准 GB 10609.1－89《技术制图　标题栏》作出统一规定,如图 1.3 所示。

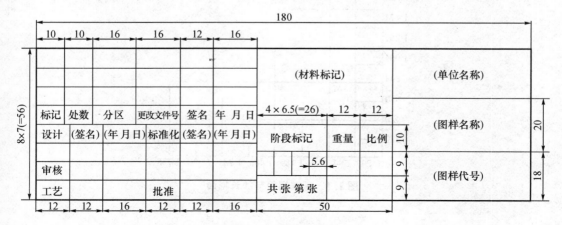

图 1.3　标题栏格式

为了作图方便,可采用标题栏的简化形式,如图 1.4 所示。

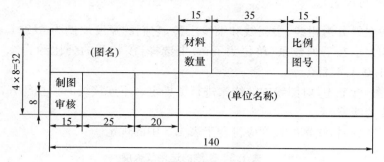

图 1.4 标题栏的简化格式

在制作标题栏时,其外框线一律采用粗实线绘制,右边与底边均与图框线重合。标题栏内部分格线均用细实线绘制。

1.2 图线

工程图样的图形、符号等都是由图线组成的。在新的国家标准中,对各种技术图样中图线的名称、形式、结构、标记、画法等都作出了统一的规定。

1.2.1 基本线型

基本线型如表 1.2 所示。

表 1.2 基本线型

代　码	基本线型	名　　称
01		实线
02		虚线
03		间隔画线
04		单点长画线
05		双点长画线
06		三点长画线
07		点线
08		长划短画线
09		长划双短画线
10		点画线
11		单点双画线
12		双点画线
13		双点双画线
14		三点画线
15		三点双画线

1.2.2　图线的尺寸

所有线型的图线分为粗线、中粗线和细线三种,它们的宽度比例为 4:2:1。图线宽度 d 应按图样的类型和大小在下列数系(单位为 mm)中选择:该数系的公比约为 0.13、0.18、0.25、0.35、0.5、0.7、1.0、1.4、2.0。

在《技术制图》标准中,对图线中的线素进行了界定。不连接线的独立部分,如点、长度不同的画线和间隙称为线素。

在绘制工程图样时,线素的长度应符合于表 1.3 中的规定。

表 1.3　图线的选用及长度

线　素	线　型	长　度
点	04~07,10~15	≤0.5d
短间隔	02,04~15	3d
短　划	08,09	6d
画	02,03,10~15	12d
长　画	04~06,08,09	24d
间　隔	03	18d

1.2.3　图线的应用

在技术制图中,各种线型的应用如表 1.4 所示。

表 1.4　图线的类型及应用

图线名称	图线型式	图线宽度	应用举例
粗实线	——————	d=0.25~2 mm 电气图取小值	可见轮廓线、移出剖面线的轮廓线、可见导线、简图主要内容用线
虚　线	— — — — —	约 d/4	不可见轮廓线、辅助线、屏蔽线、机械连接线
细实线	——————	约 d/4	尺寸线、尺寸界线、剖面线、引出线
点画线	— · — · —	约 d/4	轴心线、中心线、对称中心线、结构围框线、功能围框线
双点画线	— ·· — ·· —	约 d/4	假想投影轮廓线、极限位置的轮廓线、相邻辅助零件的轮廓线、辅助围框线
波浪线	～～～～	约 d/4	断裂的边界线、视图与剖框的分界线
双折线	⟋⟍⟋⟍	约 d/4	断裂处边界线

1.2.4　画图线时的注意事项

(1)同一图样中,同一类图线的宽度应一致,虚线、点画线等不连续的画线和间隔应各自相等。

（2）绘制圆的中心线时，圆心应为线段的交点。如图 1.5 中的①点画线的首末两端应是线段，一般超出圆的轮廓线 2～5 mm。

（3）虚线与虚线相交及虚线与实线相交不应留有空隙，见图 1.5 中的②。

（4）在较小的图形上绘制点画线和双点画线有困难时，可用细实线代替，如图 1.5 中③。

（5）图形不得与文字、数字、符号重叠或混淆，当不可避免时应优先保证文字、数字、符号等的清晰。

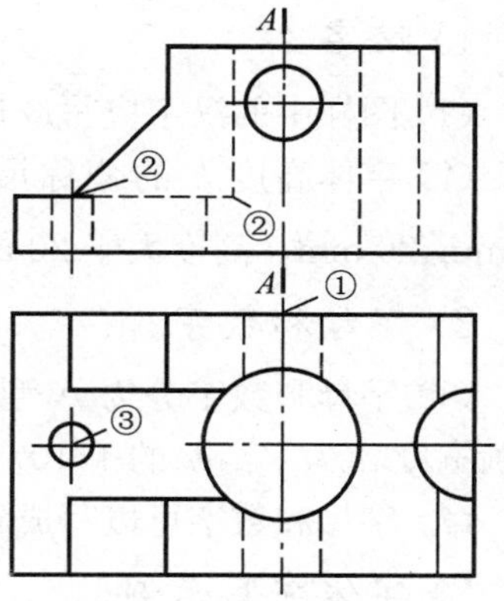

图 1.5　工程制图中的图线画法

1.3　比例

图中图形与其实物相应要素的线性尺寸之比称为比例。绘制图样时，一般应按比例绘制图样，比例由表 1.5 所规定的系列中选取，必要时也允许选取表 1.6 中的比例。

表 1.5　规定选取的比例

种　类	比　例
原值比例（比值＝1 的比例）	1：1
放大比例（比值＞1 的比例）	5：1，2：1，5×10^n：1，2×10^n：1，1×10^n：1
缩小比例（比值＜1 的比例）	1：2，1：5，1：10，1：2×10^n，1：5×10^n，1：1×10^n

注：n 为正整数。

表 1.6　允许选取的比例

种　类	比　例
放大比例	4：1，2.5：1，4×10^n：1，2×10^n：1，2.5×10^n：1
缩小比例	1：1.5，1：2.5，1：3，1：4，1：1.5×10^n，1：2.5×10^n，1：3×10^n，1：4×10^n，1：6×10^n

注：n 为正整数。

为了能从图样上得到实物大小的真实概念，应尽量采用原值比例绘图，绘制大而简单的机件可采用缩小比例，绘制小而复杂的机件可采用放大比例。无论是缩小还是放大，图样中所标注的尺寸均为机件的实际尺寸（见图 1.6）。

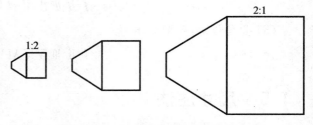

图 1.6　同一机件采用不同比例所画的图形

1.4　字体

图样中除图形外，还需用汉字、字母、数字等来标注尺寸和说明机件在设计、制造装配时的各项要求。

在图样中书写汉字、字母、数字时，必须做到字体工整、笔画清楚、间隔均匀、排列整齐。

1）汉字

（1）图样中的汉字应写成长仿宋体，并采用国家正式公布推行的简化字。

（2）字体高度 h 的公称尺寸系列为 1.8 mm、2.5 mm、3.5 mm、5 mm、7 mm、10 mm、14 mm、20 mm。高度大于 20 mm 的字体，其尺寸按 $\sqrt{2}$ 比率递增，字体高度代表字体的号数。

2）字母和数字

（1）字母和数字分为 A 型和 B 型。A 型字体的笔画宽度 d 为字高 h 的 1/14，B 型字体的笔画宽度 d 为字高 h 的 1/10。在同一图样上，只允许选用一种类型的字体。

（2）字母和数字可以写成斜体和直体。斜体字字头向右倾斜，并与水平基准线成 75°。

3）字体书写示例

（1）拉丁字母：A 型大写斜体

ABCDEFGHIJKLMNOPQRSTUVWXYZ

（2）拉丁字母：A 型小写斜体

abcdefghijklmnopqrstuvwxyz

（3）希腊字母：A 型大写斜体

ΑΒΓΔΕΖΗΘΙΚΛΜΝΞΟΠΣΤΤΦΧΨΩ

（4）希腊字母：A 型小写斜体

αβγδεξηθικλμνξοπρστυφχψω

（5）阿拉伯数字：斜体

0123456789

（6）阿拉伯数字：直体

0123456789

（7）罗马数字：A 型斜体

I Ⅱ Ⅲ Ⅳ Ⅴ Ⅵ Ⅶ Ⅷ Ⅸ Ⅹ

（8）罗马数字：A 型直体

I Ⅱ Ⅲ Ⅳ Ⅴ Ⅵ Ⅶ Ⅷ Ⅸ Ⅹ

1.5 尺寸注法

图样中的图形只能表达机件的形状，必须依据图样上标注的尺寸来确定其形体大小。在标注尺寸时，必须遵照国家标准，准确、完整、清晰地标出形体的实际尺寸。

1）尺寸标注的基本规则

（1）图样中的尺寸，当以 mm（毫米）为单位时，不需标注计量单位的代号和名称。如采用其他单位，则须注明单位符号（或单位名称），如 m（米）、cm（厘米）、°（度）等。

（2）机件的真实大小均应以图样中所注的尺寸数值为准，与图形大小及绘图的准确度无关。

（3）机件的每一尺寸在图样中一般只标注一次，并应标注在反映其结构最清晰的图形上。

（4）图样中所标注的尺寸为该机件的最后完工尺寸，否则应另加说明。

2）尺寸的组成与注法

尺寸的组成和注法如表 1.7 所示。

表 1.7　尺寸的组成和注法

项　目	图　例	说　明
尺寸的组成	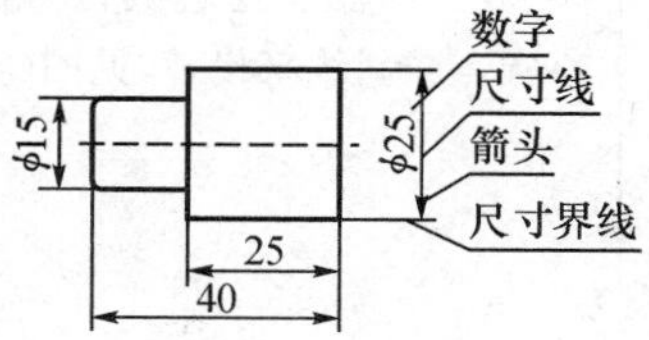	一个完整的尺寸由四个要素组成： ①尺寸数字 ②尺寸线 ③箭头 ④尺寸界线
尺寸数字	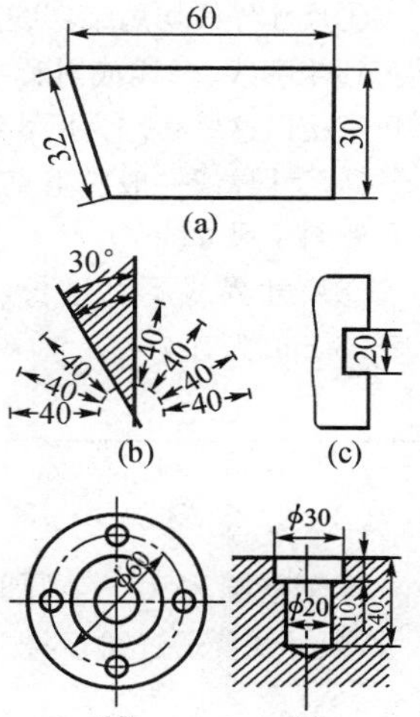	①尺寸数字一般应注写在尺寸线的上方或中断处，当位置不够时，可注写在尺寸线的一侧引线上 ②数字高度方向应与尺寸线垂直 ③尺寸数字一般用 3.5 号斜体字书写，非水平方向的尺寸，其数字也可水平书写在尺寸线的中断处 ④对于各种位置斜尺寸的尺寸数字，可按图（b）所示方向注写，并尽量避免在图示有阴影线的 30°范围内注写尺寸数字 ⑤尺寸数字不能与图线相交，否则需将图线断开
尺寸线	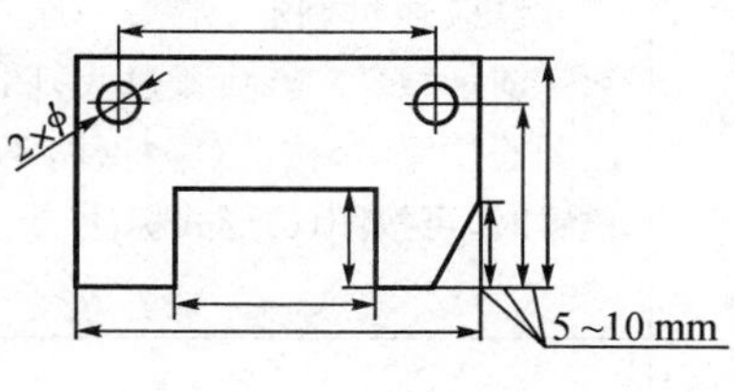	①尺寸线均用细实线绘制 ②尺寸线应平行于被标注的线段，其间隔约为 5～10 mm ③尺寸线不能用其他图线来代替，也不允许画在其他图线的延长线上 ④尺寸线之间或尺寸线与尺寸界线之间应尽量避免相交 ⑤几个相互平行的尺寸线应遵循小尺寸在内、大尺寸依次在外，且间隔约为 5～10 mm

项　目	图　例	说　明
尺寸箭头		尺寸线终端有两种，分别是箭头（见图(a)）和斜线（见图(b)），一般尺寸线终端常用箭头表示，当没有足够的位置画箭头时，可用小圆点或斜线来代替，见图(c)
尺寸界线		①尺寸界线均用细实线绘制，一般是从图形的轮廓线、轴线或对称中心线处引出，也可直接以这些线作为尺寸线 ②尺寸界线一般应垂直于尺寸线，有时也可倾斜于尺寸线 ③尺寸界线不宜过长，一般以超出箭头 2～3 mm 为宜
圆的尺寸标注		标注整圆和大于半圆时，应标注直径尺寸，尺寸线要通过圆心，数字前要加"ϕ"
圆弧的尺寸标注		标注小于或等于半圆圆弧的半径尺寸时，尺寸线应通过圆心，箭头一端与圆弧接触，数字前加"R"。当圆弧过大，图幅内无法标出圆心位置时，按图(b)标注，不标出其圆心位置时，可按图(c)形式标注
球面的尺寸标注		标注球的直径或半径时，应在符号"ϕ"或"R"前再加"S"

项　目	图　例	说　明
角度的尺寸标注	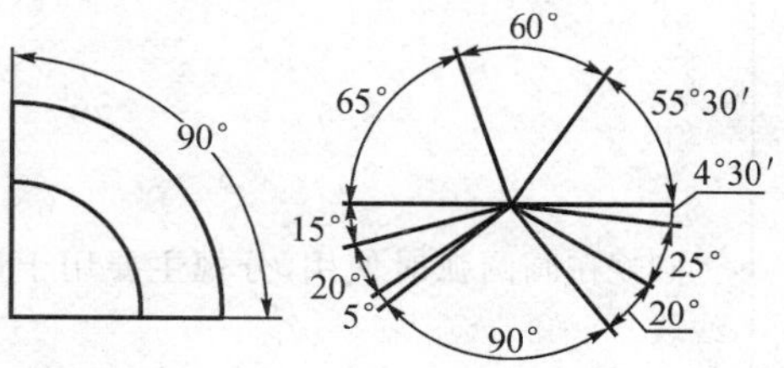	角度的尺寸界线应由径向引出，尺寸线应画成圆或圆弧，圆心为该角的顶点。角度数字一律水平注写在尺寸线的中断处，也可注在尺寸线的上方、外边或引出标注
小尺寸的标注	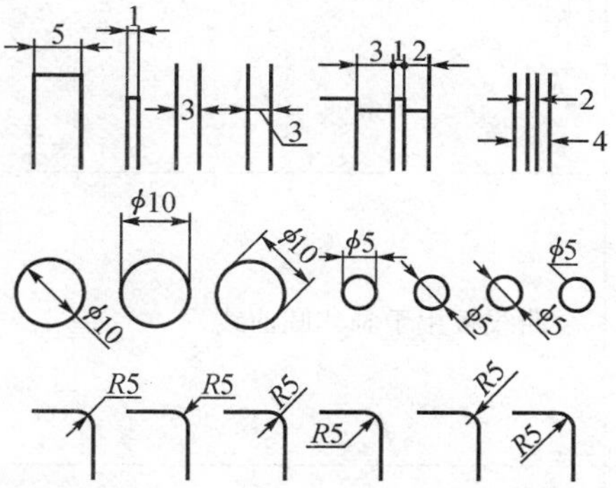	在一些局部小结构上，当没有足够位置注写尺寸数字或画出箭头时，也可按图示形式标注

1.6　绘图工具使用方法简介

　　常用的绘图工具和仪器有图板、丁字尺、三角板、分规、圆规、铅笔等。只有正确熟练地掌握绘图工具的使用方法，才能提高绘图速度，保证绘图质量。常用的绘图工具及使用方法简介见表 1.8。

表 1.8　常用绘图工具及使用方法

名　称	图　例	说　明
图板和丁字尺	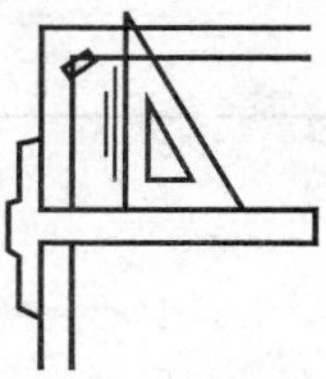	图板和丁字尺需配合在一起使用，丁字尺的尺头紧靠图板的导边作上下移动
三角尺	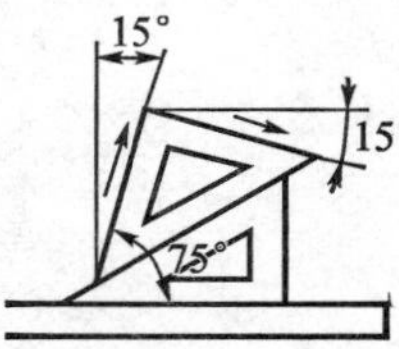	三角板与丁字尺配合使用可画出 15°、30°、45°、60°、75°等角度的线段

名　称	图　　　例	说　　　明
圆规和分规	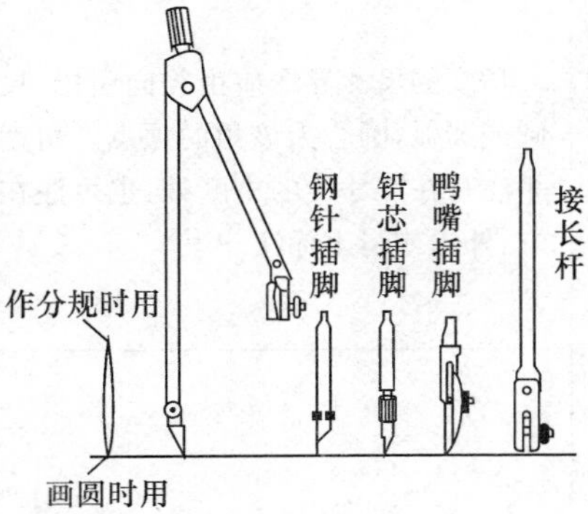 作分规时用　钢针插脚　铅芯插脚　鸭嘴插脚　接长杆　画圆时用	圆规在画圆弧时使用，分规主要用于量取和等分线段
曲线板	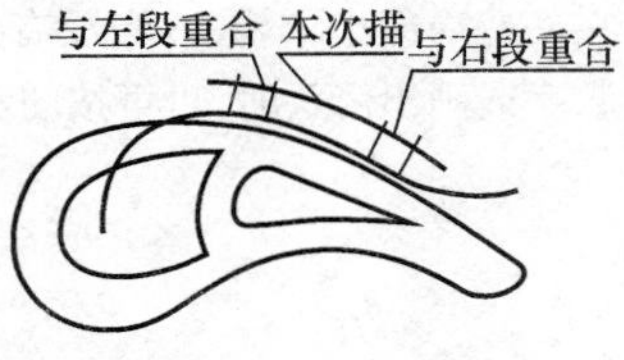 与左段重合 本次描 与右段重合	曲线板用于画非圆曲线
铅　笔	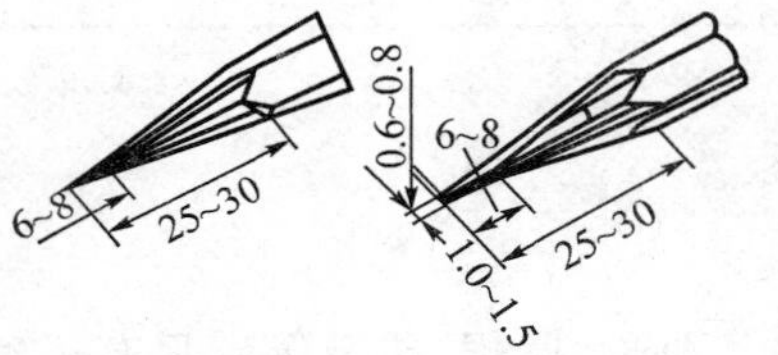 6~8　25~30　0.8~0.8　6~8　1.0~1.5　25~30	铅笔有软硬之分，以字母 B 和 H 表示。画细实线时，用 H 系列的硬铅笔；画粗实线时，用 B 系列的软铅笔
电工绘图模板	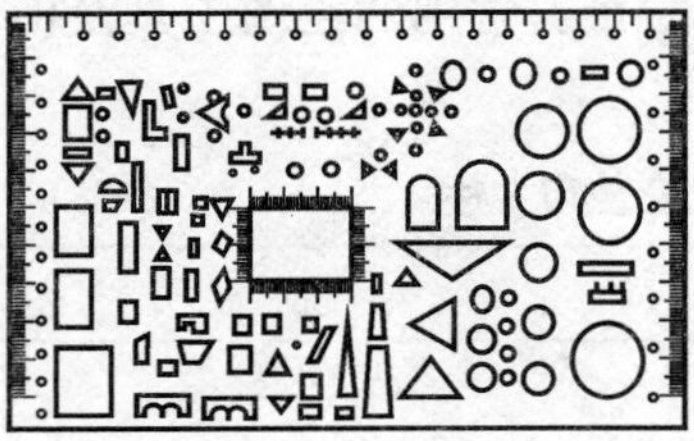	电工模板用于电工符号较小且使用重复次数较多的电子类专业图中

2 计算机绘图基础

随着计算机应用的普及,在设计、生产中广泛使用计算机绘制各种图样,如机械图、电子工程图、建筑图、地形图、测绘图等。计算机绘图促进图学领域进入了一个新的时代和发展阶段,其应用前景十分辉煌,作为一名工程技术人员,掌握和使用计算机绘图非常必要。

2.1 计算机绘图的相关知识

计算机绘图系统由软件系统和硬件系统组成。其中,软件是计算机绘图系统的核心,而相应的系统硬件设备则为软件的正常运行提供了基础保障和运行环境。另外,任何功能强大的计算机绘图系统都只是一个辅助工具,系统的运行离不开系统使用人员的创造性思维活动。因此,使用计算机绘图系统的技术人员也属于系统组成的一部分,将软件、硬件及人这三者有效地融合在一起,是发挥计算机绘图系统强大功能的前提。

2.1.1 计算机绘图的硬件系统组成

计算机绘图的硬件系统通常是指可以进行计算机绘图作业的独立硬件环境,主要由主机、输入设备、输出设备、信息存储设备(主要指外存,如硬盘、软盘、光盘等)以及网络设备、多媒体设备等组成,如图 2.1 所示。

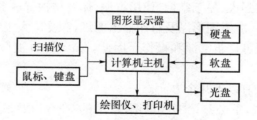

图 2.1 计算机硬件系统的组成框图

1) 主机(微机)

主机的功能是接受、存储数据以及程序和指令,进行各种信息运算、数据处理、控制外部设备等;要求内存容量应满足软件运行的需要。

2) 输入设备

常用的输入设备有鼠标、键盘、轨迹球、数字化仪、扫描仪等。输入设备的功能是键入字符、数据、程序和指令以及输入图形数据和指令,是实现人-机对话的主要工具。

3) 输出设备

常用的输出设备有各种打印机(如针式、喷墨、激光打印机)以及笔式绘图机和静电绘图机等(根据需要选用)。输出设备的功能是显示和绘制图形、打印程序和数据。

2.1.2　计算机绘图的软件系统组成

在计算机绘图系统中,软件配置的高低决定着整个计算机绘图系统性能的优劣,是计算机绘图系统的核心。计算机绘图系统的软件可分为三个层次,即操作系统、绘图软件和应用软件。

1）操作系统

目前的操作系统一般为 Windows 系统,若使用网络则要求有网络操作系统或 Win NT 等支持。

2）绘图软件

绘图软件是计算机绘图系统的主体,应根据所需完成的工作及硬件配置情况选用合适的绘图软件。如需要绘制机械图样,则选用专用或通用的 AutoCAD 软件;如绘制电路图,则选用电路图绘制软件(如 Protel 软件);如视觉传达设计,则应选用相应的字符、图像编辑软件。由于不同的绘图软件用途和功能相差很大,对硬件的要求也相差很大,应根据具体情况进行选择。

3）应用软件

无论选用哪一种绘图软件,都要有某些特定功能的应用程序及软件做接口。这些应用软件有些由绘图软件本身提供,有些则需使用者开发。有了这些应用软件和程序,对使用者的工作将起到事半功倍的作用。

2.2　AutoCAD 绘图软件简介

计算机绘制机械图样的软件有许多种,目前国内最为流行的计算机绘图软件是 AutoCAD软件包。AutoCAD 软件包是美国 Autodesk 公司推出的从事计算机辅助设计(CAD)的通用软件包。AutoCAD 具有功能强大、易于掌握、使用方便、体系结构开放等特点,能够绘制平面图形与三维图形、标注图形尺寸、渲染图形以及打印输出图纸,深受广大工程技术人员的欢迎。初学者只要经过简单的培训,便可初步掌握和操作。因此,AutoCAD 被广泛用于教学、科研及生产等领域。

AutoCAD 的主要功能有以下几个方面:

(1) 采用人机交互方式,不必熟记那些单调、繁多的"命令"(指软件中的操作指令)及其使用步骤。AutoCAD 提供各种菜单(指某些操作指令的一览表)及操作步骤指示,只需输入命令及相应的数据即可画出所需的图形。

(2) 提供多种辅助绘图工具,使在有限的屏幕范围内可以方便地绘制各种规格的图纸,准确地在图面上定位,能够用不同颜色和线型设计图形。

(3) 提供直线、加宽线、多义线、圆、圆弧、椭圆、圆环、正多边形等图形实体的绘图命令,通过调用这些命令,能够设计各种专业图纸,具有通用性。

(4) 图形逻辑功能强,具有一定的智能化,编辑图形极为方便、迅速和准确。布图灵活,图形比例可调整,通过定义图块,能够在不同的图纸上调用。

(5) AutoCAD 软件包能方便地标注尺寸及编写中英文说明、设备材料清单,并且从 R13.0版本开始支持 TrueType 字型。

(6) AutoCAD 软件包提供方便的系统服务,随时可以报告当前绘图区的各种数据,当用户忘记命令时,可以请求系统帮助得到有关命令的信息。

(7) 设计的图纸通过绘图机或打印机输出,绘制在描图纸或白纸上,并可指定输出整幅或部分图样内容,比例可任意调整。

(8)用户可在 AutoCAD 上进行二次开发,编制各种专业设计绘图软件。AutoCAD 自 R11.0 版本开始提供 C 语言开发工具——ADS(AutoCAD Development System)。

AutoCAD 版本很多,下面以目前的最新版本 AutoCAD 2008 为基础介绍其简单用法。

2.2.1　AutoCAD 2008 的工作界面

可以通过桌面上 AutoCAD 2008 的快捷方式或开始程序菜单中的 AutoCAD 2008 启动 AutoCAD 2008,启动后进入到 AutoCAD 2008 的初始界面。

AutoCAD 2008 提供了"二维草图与注释"、"三维建模"和"AutoCAD 经典"三种工作空间模式。默认状态下,打开"二维草图与注释"工作空间,其界面主要由菜单栏、工具栏、工具选项板、绘图窗口、文本窗口与命令行、状态栏等元素组成,如图 2.2 所示。本书只介绍"二维草图与注释"工作空间的界面。

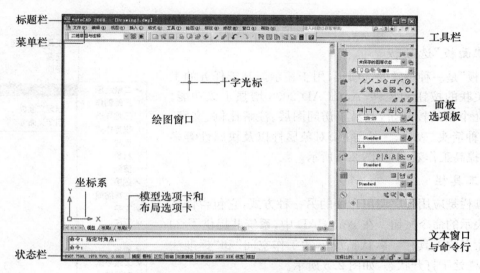

图 2.2　"二维草图与注释"工作空间的初始界面

1)标题栏

标题栏位于应用程序窗口的最上面,用于显示当前正在运行的程序名及文件名等信息,如果是 AutoCAD 默认的图形文件,其名称为 DrawingN.dwg(N 是数字)。单击标题栏右端的按钮,可以最小化、最大化或关闭应用程序窗口。标题栏最左边是应用程序的小图标,单击它将会弹出一个 AutoCAD 窗口控制下拉菜单,可以执行最小化或最大化窗口、恢复窗口、移动窗口、关闭 AutoCAD 等操作。

2)菜单栏

AutoCAD 2008 的菜单栏主要由"文件"、"编辑"、"视图"等菜单组成,它们几乎包括了 AutoCAD 中全部的功能和命令,图 2.3 所示为视图菜单。

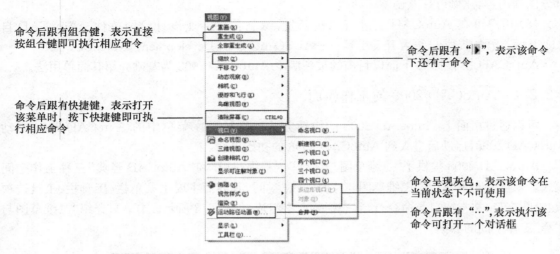

图 2.3　视图菜单

3）"面板"选项板

"面板"是一种特殊的选项板,用于显示与基于任务的工作空间关联的按钮和控件,AutoCAD 2008 增强了该功能。它包含九个新的控制台,更易于访问图层、注解比例、文字、标注、多种箭头、表格、二维导航、对象属性以及块属性等多种控制,提高工作效率,如图 2.4 所示。

4）工具栏

工具栏是应用程序调用命令的另一种方式,它包含许多由图标表示的命令按钮。在 AutoCAD 中,系统共提供了 20 多个已命名的工具栏。默认情况下,"工作空间"和"标准注释"工具栏处于打开状态,如图 2.5 所示。

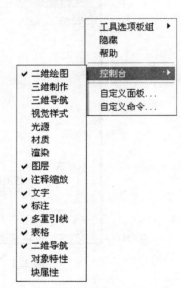

图 2.4　"面板"选项板

图 2.5　工具栏

5）绘图窗口

在 AutoCAD 中,绘图窗口是绘图工作区域,所有的绘图结果都反映在这个窗口中。可以根据需要关闭其周围和里面的各个工具栏,以增大绘图空间。如果图纸比较大,需要查看未显示部分时,可以单击窗口右边与下边滚动条上的箭头,或拖动滚动条上的滑块来移动图纸。

6）命令行与文本窗口

"命令行"窗口位于绘图窗口的底部,用于接收输入的命令,并显示 AutoCAD 提示信息。在 AutoCAD 2008 中,"命令行"窗口可以拖放为浮动窗口,如图 2.6 所示。

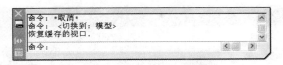

图 2.6 命令行与文本窗口

7）状态栏

状态栏用来显示 AutoCAD 当前的状态，如当前光标的坐标、命令和按钮的说明等，如图 2.7 所示。

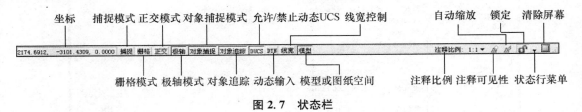

图 2.7 状态栏

2.2.2 图形文件的基本操作

在 AutoCAD 中，图形文件的基本操作一般包括创建新文件、打开已有的图形文件、保存文件、加密文件及关闭图形文件等。

1）创建新图形文件

选择"文件"|"新建"命令（NEW），或在"标准注释"工具栏中单击"新建"按钮，可以创建新图形文件，此时将打开"选择样板"对话框，如图 2.8 所示。

图 2.8 "选择样板"对话框

2）打开图形文件

选择"文件"|"打开"命令（OPEN），或在"标准注释"工具栏中单击"打开"按钮，此时将打开"选择文件"对话框，如图 2.9 所示。

图 2.9 "选择文件"对话框

3）保存图形文件

在 AutoCAD 中，可使用多种方式将所绘图形以文件形式存盘。例如，可选择"文件"|"保存"命令（QSAVE），或在"标准注释"工具栏中单击"保存"按钮，以当前使用的文件名保存图形；也可选择"文件"|"另存为"命令（SAVEAS），将当前图形以新的名称保存，如图 2.10 所示。

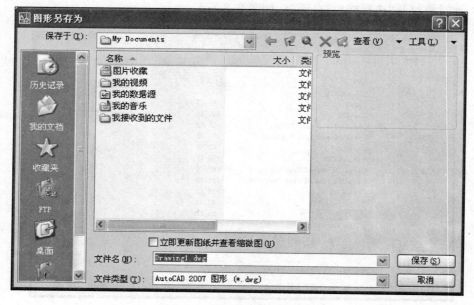

图 2.10 "图形另存为"对话框

4）加密保护绘图数据

选择"文件"|"保存"或"文件"|"另存为"命令时，将打开"图形另存为"对话框。在该对话框中选择"工具"|"安全选项"命令，此时将打开"安全选项"对话框，如图 2.11 所示。

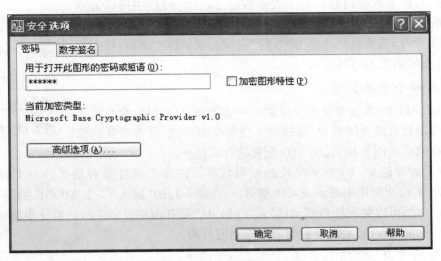

图 2.11　"安全选项"对话框

5）关闭图形文件

选择"文件"|"关闭"命令（CLOSE），或在绘图窗口中单击"关闭"按钮，可以关闭当前图形文件，如图 2.12 所示。

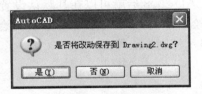

图 2.12　"是否保存改动的文件"对话框

2.2.3　在 AutoCAD 中使用命令

在 AutoCAD 中，菜单命令、工具按钮、命令和系统变量都是相互对应的。可以选择某一菜单命令，或单击某个工具按钮，或在命令行中输入命令和系统变量来执行相应命令。可以说，命令是 AutoCAD 绘制与编辑图形的核心。

1）使用鼠标操作执行命令

在绘图窗口，光标通常显示为"十"字线形式。当光标移至菜单选项、工具或对话框内时，它会变成一个箭头。无论光标是"十"字线形式还是箭头形式，当单击或者按动鼠标键时，都会执行相应的命令或动作。

2）使用键盘输入命令

在 AutoCAD 2008 中，大部分的绘图、编辑功能都需要通过键盘输入来完成。通过键盘可以输入命令、系统变量。此外，键盘还是输入文本对象、数值参数、点的坐标或进行参数选择的唯一方法。

3）使用"命令行"

在 AutoCAD 2008 中，默认情况下"命令行"是一个可固定的窗口，可以在当前命令行提示下输入命令、对象参数等内容。对于大多数命令,"命令行"中可以显示执行完的两条命令提示(也叫命令历史),而对于一些输出命令,例如 TIME、LIST 命令,需要在放大的"命令行"或"AutoCAD 文本窗口"中显示。命令历史如图 2.13 所示。

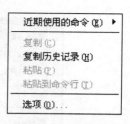

图 2.13　命令历史

4) 使用命令系统变量

在 AutoCAD 中,系统变量用于控制某些功能和设计环境、命令的工作方式,它可以打开或关闭捕捉、栅格或正交等绘图模式,设置默认的填充图案,或存储当前图形和 AutoCAD 配置的有关信息。

系统变量通常是 6~10 个字符长的缩写名称。许多系统变量有简单的开关设置。例如 GRIDMODE 系统变量用来显示或关闭栅格,当在命令行的"输入 GRIDMODE 的新值<1>:"提示下输入 0 时,可以关闭栅格显示;输入 1 时,可以打开栅格显示。有些系统变量则用来存储数值或文字,例如 DATE 系统变量用来存储当前日期。

5) 命令的重复、撤销与重做

在 AutoCAD 中,可以方便地重复执行同一条命令,或撤销前面执行的一条或多条命令。此外,撤销前面执行的命令后,还可以通过重做来恢复前面执行的命令。

2.2.4　绘图基础知识

通常情况下,安装好 AutoCAD 2008 后就可以在其默认设置下绘制图形了,但有时为了规范绘图,提高绘图效率,应熟悉绘图常识、命令与系统变量以及绘图方法,掌握坐标系统的使用方法、工具栏的设置以及图形显示控制方法等。

1) 使用坐标系

(1) 认识坐标系

在 AutoCAD 2008 中,坐标系分为世界坐标系(WCS)和用户坐标系(UCS)。这两种坐标系下都可以通过坐标(X,Y)来精确定位点, 如图 2.14 和图 2.15 所示。

使用用户坐标系必须首先创建和命名用户坐标系,并且可以很方便地进行设置。

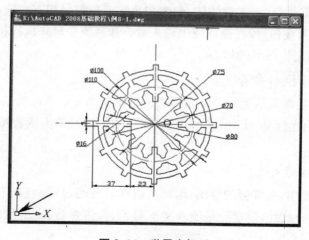

图 2.14　世界坐标系

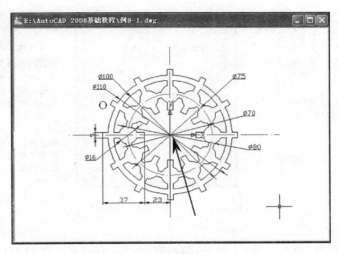

图 2.15　用户坐标系

（2）坐标系的表示方法

在 AutoCAD 2008 中，点的坐标可以使用绝对直角坐标、绝对极坐标、相对直角坐标和相对极坐标四种方法表示。

（3）控制坐标的显示

在绘图窗口中移动光标的十字指针时，状态栏上将动态地显示当前指针的坐标。在 Auto-CAD 2008 中，坐标显示取决于所选择的模式和程序中运行的命令，共有三种方式：模式"0"，关；模式 1，"绝对"；模式 2，"相对"，如图 2.16 所示。

模式0,关　　　　　　　模式1,绝对　　　　　　模式2,相对

图 2.16　坐标显示的模式

2）设置绘图环境

在使用 AutoCAD 绘图前，经常需要对绘图环境的某些参数进行设置。

（1）自定义工具栏

AutoCAD 是一个比较复杂的应用程序，它的工具栏设计的内容很多，通常每个工具栏都由多个图标按钮组成。为了能够最大限度地使用户在短时间内熟练使用，AutoCAD 提供了一套自定义工具栏命令，从而加快工作流程，还能使屏幕变得更加整洁，消除不必要的干扰。

（2）设置图形界限

图形界限就是绘图区域，也称为图限。在中文版 AutoCAD 2008 中，可以选择"格式"|"图形界限"命令（LIMITS）来设置图形界限。

在世界坐标系下，图形界限由一对二维点确定，即左下角点和右上角点。在发出 LIMITS 命令时，命令提示行将显示如下提示信息：

指定左下角点或［开（ON）/关（OFF）］＜0.0000,0.0000＞：

（3）设置图形单位

在中文版 AutoCAD 2008 中，可以选择"格式"|"单位"命令，在打开的"图形单位"对话框中设置绘图时使用的长度单位、角度单位，以及单位的显示格式和精度等参数，如图 2.17 所示。

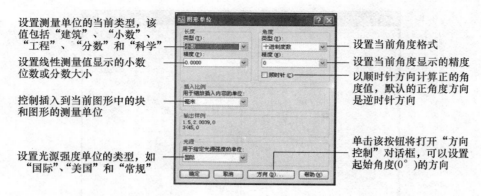

设置测量单位的当前类型,该值包括"建筑"、"小数"、"工程"、"分数"和"科学"

设置线性测量值显示的小数位数或分数大小

控制插入到当前图形中的块和图形的测量单位

设置光源强度单位的类型,如"国际"、"美国"和"常规"

设置当前角度格式

设置当前角度显示的精度

以顺时针方向计算正的角度值,默认的正角度方向是逆时针方向

单击该按钮将打开"方向控制"对话框,可以设置起始角度(0°)的方向

图 2.17 "图形单位"对话框

(4)设置参数选项

选择"工具"|"选项"命令(OPTIONS),将打开"选项"对话框。在该对话框中包含"文件"、"显示"、"打开和保存"、"打印和发布"、"系统"、"用户系统配置"、"草图"、"三维建模"、"选择"和"配置"10 个选项卡,如图 2.18 所示。

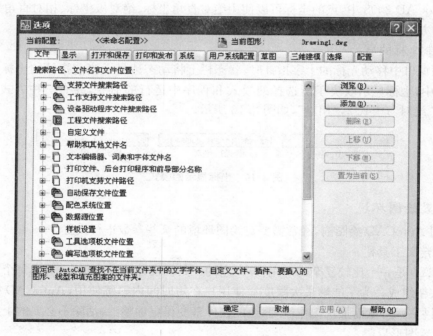

图 2.18 "选项"对话框

3)绘图方法

为了满足不同用户的需要,使操作更加灵活方便,AutoCAD 2008 提供了多种方法来实现相同的功能。例如,可以使用"绘图"菜单、"绘图"工具栏、"屏幕"菜单、"绘图命令"和"面板"选项板五种方法来绘制基本图形对象。如果要绘制较为复杂的图形,还可以使用"修改"菜单和"修改"工具栏来完成。

(1)使用"绘图"菜单和"绘图"工具栏

"绘图"菜单是绘制图形最基本、最常用的方法,其中包含了 AutoCAD 2008 的大部分绘图命令。而"绘图"工具栏中的每个工具按钮都与"绘图"菜单中绘图命令对应,单击即可执行相应

的绘图命令,如图 2.19 和图 2.20 所示。

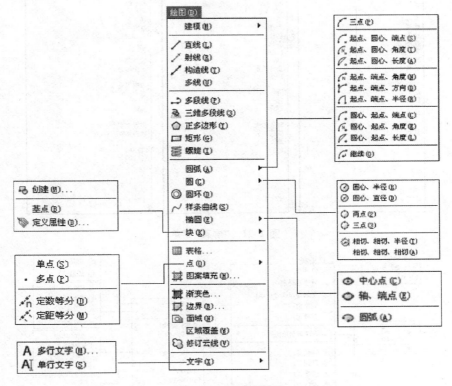

图 2.19　"绘图"菜单

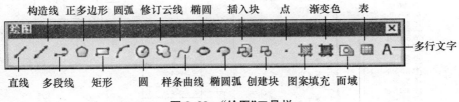

图 2.20　"绘图"工具栏

（2）使用"屏幕菜单"

"屏幕菜单"是 AutoCAD 2008 的另一种菜单形式。选择其中的"绘制 1"和"绘制 2"子菜单,可以使用绘图相关工具,如图 2.21 所示。

（3）使用绘图命令

使用绘图命令也可以绘制图形。在命令提示行中输入绘图命令,按<Enter>键,并根据命令行的提示信息进行绘图操作。这种方法快捷、准确性高,但要求掌握绘图命令及其选择项的具体功能。

（4）使用"修改"菜单和"修改"工具栏

"修改"菜单用于编辑图形,创建复杂的图形对象。"编辑"菜单中包含了 AutoCAD 2008 的大部分编辑命令,通过选择该菜单中的命令或子命令,可以完成对图形的所有编辑操作。而"修改"工具栏的每个工具按钮都与"修改"菜单中相应的绘图命令相对应,单击这些按钮即可执行相应的修改操作,如图 2.22 和图 2.23 所示。

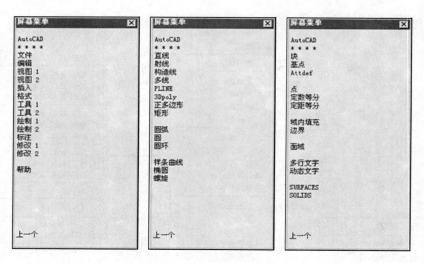

图 2. 21　"屏幕"菜单

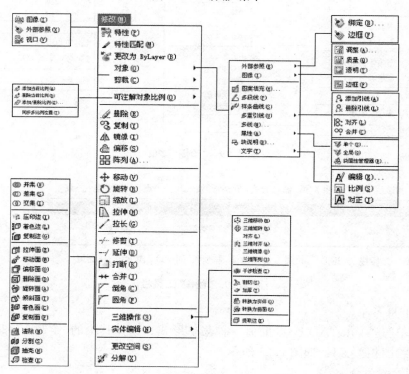

图 2. 22　"修改"菜单

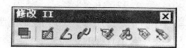

图 2. 23　"修改"工具栏

（5）使用"面板"选项板

"面板"选项板集成了"图层"、"二维绘图"、"注释缩放"、"标注"、"文字"和"多重引线"等多种控制台，单击这些控制台中的按钮即可执行相应的绘制或编辑操作，如图 2.24 所示。

4）控制图形显示

在 AutoCAD 2008 中，可以使用多种方法来观察绘图窗口中绘制的图形，以便灵活观察图形的整体效果或局部细节。

（1）缩放与平移

按一定的比例、观察位置和角度显示图形的区域称为视图。在 AutoCAD 中，可以通过缩放与平移视图来方便地观察图形。

（2）使用命名视图

在一张工程图纸上可以创建多个视图。当要查看、修改图纸上的某一部分视图时，将该视图恢复出来即可。

（3）使用平铺视图

在 AutoCAD 中，为了便于编辑图形，常常需要将图形的局部进行放大，以显示其细节。当需要观察图形的整体效果时，仅使用单一的绘图视口已无法满足需要。此时，可使用 AutoCAD 的平铺视口功能，将绘图窗口划分为若干视口。

图 2.24　"面板"选项板

（4）使用鸟瞰视图

鸟瞰视图属于定位工具，它提供了一种可视化平移和缩放视图的方法。可以在另外一个独立的窗口中显示整个图形视图以便快速移动到目的区域。在绘图时，如果鸟瞰视图保持打开状态，则可以直接缩放和平移，无需选择菜单选项或输入命令。

（5）重画与重生成

在绘图和编辑过程中，屏幕上常常留下对象的拾取标记，这些临时标记并不是图形中的对象，有时会使当前图形画面显得混乱，这时就可以使用 AutoCAD 的重画与重生成图形功能清除这些临时标记。

2.3　AutoCAD 2008 的基本绘图命令

绘图是 AutoCAD 的主要功能，也是最基本的功能，而二维平面图形的形状都很简单，创建起来也很容易，它们是整个 AutoCAD 的绘图基础。因此，只有熟练地掌握二维平面图形的绘制方法和技巧，才能够更好地绘制出复杂的图形。

2.3.1　绘制点

在 AutoCAD 2008 中，点对象可用做捕捉和偏移对象的节点或参考点。可以通过单点、多点、定数等分和定距等分 4 种方法创建点对象，图 2.25 所示为"点样式"对话框。

1）绘制单点和多点

在 AutoCAD 2008 中，选择"绘图"|"点"|"单点"命令（POINT），可以在绘图窗口中一次指定一个点；选择"绘图"|"点"|"多点"命令，可以在绘图窗口中一次指定多个点，直到按<Esc>键结束。

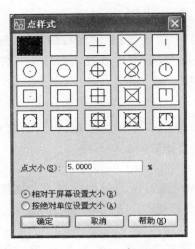

图 2.25 "点样式"对话框

2) 定数等分对象

在 AutoCAD 2008 中,选择"绘图"|"点"|"定数等分"命令(DIVIDE),可以在指定的对象上绘制等分点或者在等分点处插入块。

3) 定距等分对象

在 AutoCAD 2008 中,选择"绘图"|"点"|"定距等分"命令(MEASURE),可以在指定的对象上按指定的长度绘制点或者插入块。

2.3.2　绘制直线、射线和构造线

图形由对象组成,可以使用定点设备指定点的位置或者在命令行输入坐标值来绘制对象。在 AutoCAD 中,直线、射线和构造线是最简单的一组线性对象。

1) 绘制直线

选择"绘图"|"直线"命令(LINE),或在"面板"选项板的"二维绘图"选项区域中单击"直线"按钮 ,就可以绘制直线。

2) 绘制射线

射线为一端固定、另一端无限延伸的直线。选择"绘图"|"射线"命令(RAY),指定射线的起点和通过点即可绘制一条射线。在 AutoCAD 中,射线主要用于绘制辅助线。

指定射线的起点后,可在"指定通过点:"提示下指定多个通过点,绘制以起点为端点的多条射线,直到按<Esc>键或<Enter>键退出为止。

3) 绘制构造线

构造线为两端可以无限延伸的直线,没有起点和终点,可以放置在三维空间的任何地方,主要用于绘制辅助线。选择"绘图"|"构造线"命令(XLINE),或在"面板"选项板的"二维绘图"选项区域中单击"构造线"按钮 ,都可绘制构造线。

2.3.3　绘制矩形和正多边形

在 AutoCAD 中,矩形及多边形的各边并非单一对象,它们构成一个单独的对象。使用"RECTANGE"命令可以绘制矩形,使用"POLYGON"命令可以绘制多边形。

1) 绘制矩形

选择"绘图"|"矩形"命令(RECTANGLE),或在"面板"选项板的"二维绘图"选项区域中单击"矩形"按钮 ,即可绘制出倒角矩形、圆角矩形、有厚度的矩形等多种矩形,如图 2.26 所示。

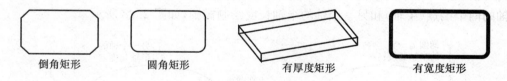

| 倒角矩形 | 圆角矩形 | 有厚度矩形 | 有宽度矩形 |

图 2.26　可以绘制各种不同的矩形

2) 绘制正多边形

选择"绘图"|"正多边形"命令(POLYGON),或在"面板"选项板的"二维绘图"选项区域中单击"正多边形"按钮 ,可以绘制边数为 3～1 024 的正多边形。指定了正多边形的边数后,其命令行显示如下提示信息:

指定正多边形的中心点或 [边(E)]:

2.3.4　绘制圆、圆弧、椭圆和椭圆弧

在 AutoCAD 2008 中,圆、圆弧、椭圆和椭圆弧都属于曲线对象,其绘制方法相对线性对象要复杂一些,但方法也比较多。

1) 绘 制 圆

选择"绘图"|"圆"命令中的子命令,或在"面板"选项板的"二维绘图"选项区域中单击"圆"按钮即可绘制圆。在 AutoCAD 2008 中,可以使用六种方法绘制圆,如图 2.27 所示。

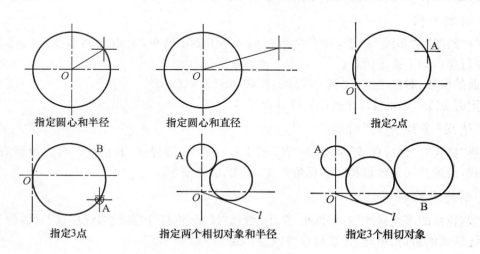

| 指定圆心和半径 | 指定圆心和直径 | 指定2点 |
| 指定3点 | 指定两个相切对象和半径 | 指定3个相切对象 |

图 2.27　六种绘制圆的方法

2) 绘制圆弧

选择"绘图"|"圆弧"命令中的子命令,或在"面板"选项板的"二维绘图"选项区域中单击"圆弧"按钮 ,即可绘制圆弧。在 AutoCAD 2008 中,圆弧的绘制方法有十一种。

3）绘制椭圆

选择"绘图"|"椭圆"子菜单中的命令，或在"面板"选项板的"二维绘图"选项区域中单击"椭圆"按钮　，即可绘制椭圆。可以选择"绘图"|"椭圆"|"中心点"命令，指定椭圆中心、一个轴的端点（主轴）以及另一个轴的半轴长度绘制椭圆；也可以选择"绘图"|"椭圆"|"轴、端点"命令，指定一个轴的两个端点（主轴）和另一个轴的半轴长度绘制椭圆，如图 2.28 所示。

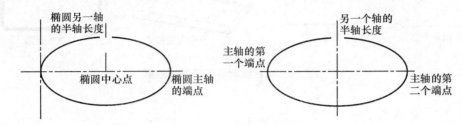

图 2.28　两种绘制椭圆的方法

4）绘制椭圆弧

在 AutoCAD 2008 中，椭圆弧的绘图命令和椭圆的绘图命令都是"ELLIPSE"，但命令行的提示不同。选择"绘图"|"椭圆"|"圆弧"命令，或在"面板"选项板的"二维绘图"选项区域中单击"椭圆弧"按钮　，都可绘制椭圆弧，此时命令行的提示信息如下：

指定椭圆的轴端点或［圆弧（A）/中心点（C）］：_a

指定椭圆弧的轴端点或［中心点（C）］：

2.3.5　绘制与编辑多线

多线是一种由多条平行线组成的组合对象，平行线之间的间距和数目是可以调整的，多线常用于绘制建筑图中的墙体、电子电路图等平行线对象。

1）绘制多线

选择"绘图"|"多线"命令，或在命令行输入 MLINE 命令，可以绘制多线。执行 MLINE 后，命令行显示如下提示信息：

当前的设置：对正＝上，比例＝20.00，样式＝STANDARD

指定起点或［对正（J）/比例（S）/样式（ST）］：

2）使用"多线样式"对话框

选择"格式"|"多线样式"命令（MLSTYLE），打开"多线样式"对话框。可以根据需要创建多线样式，设置其线条数目和线的拐角方式，如图 2.29 所示。

3）创建多线样式

在"创建新的多线样式"对话框中，单击"继续"按钮，将打开"新建多线样式"对话框，可以创建新多线样式的封口、填充、元素特性等内容，如图 2.30 所示。

4）编辑多线

多线编辑命令是一个专用于多线对象的编辑命令，选择"修改"|"对象"|"多线"命令，可打开"多线编辑工具"对话框，其中各图像按钮形象地说明了编辑多线的方法，如图 2.31 所示。

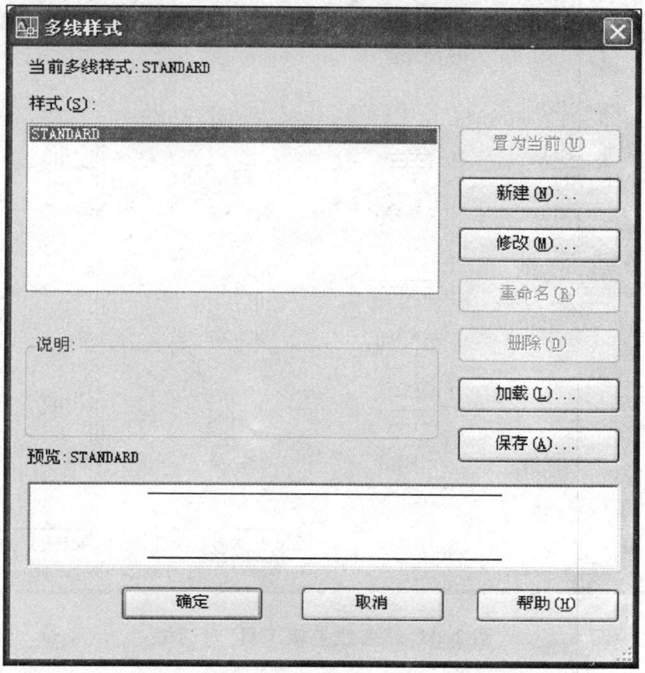

图 2.29　"多线样式"对话框

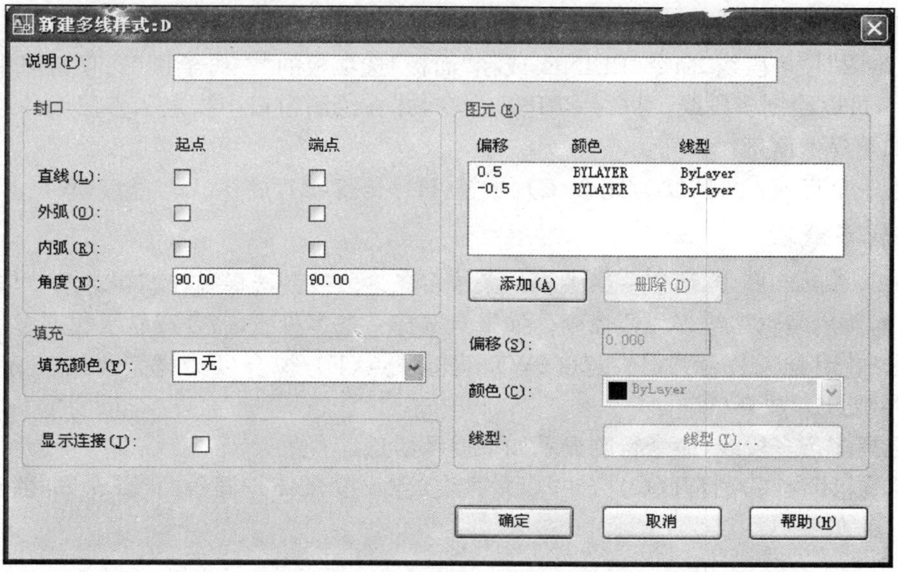

图 2.30　"新建多线样式"对话框

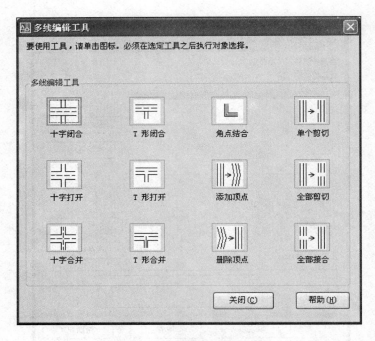

图 2.31　"多线编辑工具"对话框

2.3.6　绘制与编辑多线段

在 AutoCAD 中,多段线是一种非常有用的线段对象,它是由多段直线段或圆弧段组成的一个组合体,既可以一起编辑,也可以分别编辑,还可以具有不同的宽度。

1) 绘制多线段

选择"绘图"|"多段线"命令{PLINE}或在"面板"选项板的"二维绘图"选项区域中单击"多段线"按钮 ,可以绘制多段线。执行 PLINE 命令,并在绘图窗口中指定了多段线的起点后,命令行显示如下提示信息:

指定下一个点或［圆弧(A)/闭合(C)/半宽(H)/长度(L)/放弃(U)/宽度(W)］:

2) 编辑多线段

在 AutoCAD 2008 中,可以一次编辑一条或多条多段线。选择"修改"|"对象"|"多段线"命令(PEDIT),调用编辑二维多段线命令。如果只选择一条多段线,命令行显示如下提示信息:

输入选项［闭合(C)/合并(J)/宽度(W)/编辑顶点(E)/拟合(F)/样条曲线(S)/非曲线化(D)/线型生成(L)/放弃(U)］:

如果选择多条多段线,命令行则显示如下提示信息:

输入选项［闭合(C)/打开(O)/合并(J)/宽度(W)/拟合(F)/样条曲线(S)/非曲线化(D)/线型生成(L)/放弃(U)］:

2.3.7　绘制与编辑样条曲线

样条曲线是一种通过或接近指定点的拟合曲线。在 AutoCAD 中,其类型是非均匀关系基本样曲线(Non-Uniform Rational Basis Splines,NURBS),适于表达具有不规则变化曲率半径的曲线。

1）绘制样条曲线

选择"绘图"|"样条曲线"命令（SPLINE），或在"面板"选项板的"二维绘图"选项区域中单击"样条曲线"按钮，即可绘制样条曲线。此时，命令行将显示"指定第一个点或［对象（O）］:"提示信息。当选择"对象（O）"时，可以将多段线编辑得到的二次或者三次拟合样条曲线转换成等价的样条曲线。默认情况下，可以指定样条曲线的起点，然后在指定样条曲线上的另一个点后，系统将显示如下提示信息：

指定下一点或［闭合（C）/拟合公差（F）］＜起点切向＞:

2）编辑样条曲线

选择"修改"|"对象"|"样条曲线"命令（SPLINEDIT），就可以编辑选中的样条曲线。

样条曲线编辑命令是一个单对象编辑命令，一次只能编辑一条样条曲线对象。执行该命令并选择需要编辑的样条曲线后，在曲线周围将显示控制点，同时命令行显示如下提示信息：

输入选项［拟合数据（F）/闭合（C）/移动顶点（M）/精度（R）/反转（E）/放弃（U）］:

2.4　AutoCAD 2008 的基本编辑命令

在 AutoCAD 中，单纯地使用绘图命令或绘图工具只能绘制一些基本的图形对象。为了绘制复杂图形，很多情况下都必须借助于图形编辑命令。AutoCAD 2008 提供了众多的图形编辑命令，如复制、移动、旋转、镜像、偏移、阵列、拉伸及修剪等。使用这些命令，可以修改已有图形或通过已有图形构造新的复杂图形。

2.4.1　选择对象

在对图形进行编辑操作之前，首先需要选择要编辑的对象。AutoCAD 用虚线亮显所选的对象，这些对象就构成选择集。选择集可以包含单个对象，也可以包含复杂的对象编组。

1）选择对象的方法

在命令行输入"SELECT"命令，按＜Enter＞键，并且在命令行的"选择对象:"提示下输入"?"，将显示如下的提示信息：

需要点或窗口（W）/上一个（L）/窗交（C）/框（BOX）/全部（ALL）/栏选（F）/圈围（WP）/圈交（CP）/编组（G）/添加（A）/删除（R）/多个（M）/前一个（P）/放弃（U）/自动（AU）/单个（SI）/子对象/对象

2）过滤对象

在命令行提示下输入"FILTER"命令，将打开"对象选择过滤器"对话框。可以以对象的类型（如直线、圆及圆弧等）、图层、颜色、线型或线宽等特性作为条件，过滤选择符合设定条件的对象。如图 2.32 所示。

3）快速选择

在 AutoCAD 中，当需要选择具有某些共同特性的对象时，可利用"快速选择"对话框，根据对象的图层、线型、颜色、图案填充等特性和类型，创建选择集。选择"工具"|"快速选择"命令，可打开"快速选择"对话框，如图 2.33 所示。

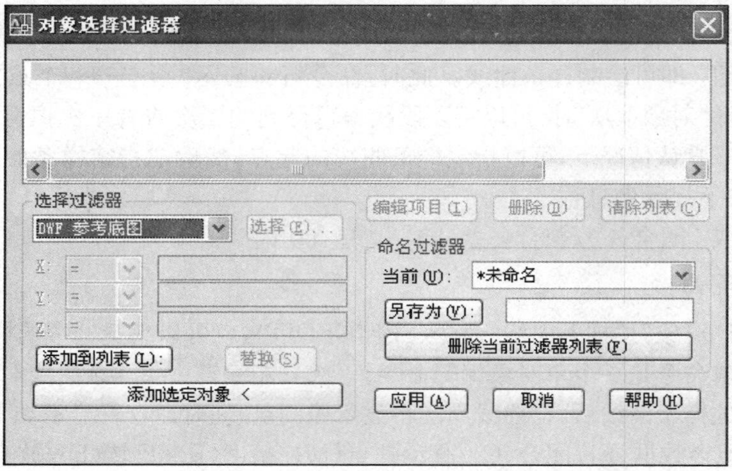

图 2.32　"对象选择过滤器"对话框

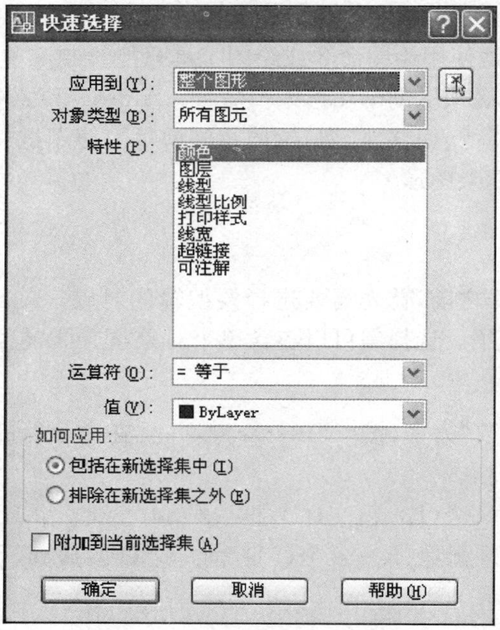

图 2.33　"快速选择"对话框

4) 使用编组

　　在 AutoCAD 2008 中,可以将图形对象进行编组以创建一种选择集,使编辑对象变得更为灵活,如图 2.34 所示。

图 2.34 "对象编组"对话框

2.4.2 使用夹点编辑对象

在 AutoCAD 2008 中,夹点是一种集成的编辑模式,提供了一种方便快捷的编辑操作途径。例如,使用夹点可以对对象进行拉伸、移动、旋转、缩放及镜像等操作。

1) 拉伸对象

在不执行任何命令的情况下选择对象,显示其夹点,然后单击其中一个夹点,进入编辑状态。此时,AutoCAD 自动将其作为拉伸的基点,进入"拉伸"编辑模式,命令行将显示如下提示信息:

＊＊ 拉伸 ＊＊

指定拉伸点或 [基点(B)/复制(C)/放弃(U)/退出(X)]:

2) 移动对象

移动对象仅仅是位置上的平移,对象的方向和大小并不会改变。要精确地移动对象,可使用捕捉模式、坐标、夹点和对象捕捉模式。在夹点编辑模式下确定基点后,在命令行提示下输入MO 进入移动模式,命令行将显示如下提示信息:

＊＊ 移动 ＊＊

指定移动点或 [基点(B)/复制(C)/放弃(U)/退出(X)]:

3) 旋转对象

在夹点编辑模式下,确定基点后,在命令行提示下输入 RO 进入旋转模式,命令行将显示如下提示信息:

＊＊ 旋转 ＊＊

指定旋转角度或 [基点(B)/复制(C)/放弃(U)/参照(R)/退出(X)]:

4) 缩放对象

在夹点编辑模式下确定基点后,在命令行提示下输入 SC 进入缩放模式,命令行将显示如下提示信息：

　＊＊ 比例缩放 ＊＊

　指定比例因子或［基点(B)/复制(C)/放弃(U)/参照(R)/退出(X)］：

　5）镜像对象

　与"镜像"命令的功能类似，镜像操作后将删除原对象。在夹点编辑模式下确定基点后，在命令行提示下输入 MI 进入镜像模式，命令行将显示如下提示信息：

　＊＊ 镜像 ＊＊

　指定第二点或［基点(B)/复制(C)/放弃(U)/退出(X)］：

2.4.3　删除、移动、旋转和对齐对象

　在 AutoCAD 2008 中，不仅可以使用夹点来移动、旋转、对齐对象，还可以通过"修改"菜单中的相关命令来实现。

　1）删除对象

　选择"修改"|"删除"命令(ERASE)，或在"面板"选项板的"二维绘图"选项区域中单击"删除"按钮，都可以删除图形中选中的对象。

　通常，发出"删除"命令后，需要选择要删除的对象，然后按 Enter 键或空格键结束对象选择，同时删除已选择的对象。

　2）移动对象

　移动对象是指对象的重定位。选择"修改"|"移动"命令(MOVE)，或在"面板"选项板的"二维绘图"选项区域中单击"移动"按钮，可以在指定方向上按指定距离移动对象，对象的位置发生了改变，但方向和大小不改变。

　3）旋转对象

　选择"修改"|"旋转"命令(ROTATE)，或在"面板"选项板的"二维绘图"选项区域中单击"修改"按钮，可以将对象绕基点旋转指定的角度。

　执行该命令后，从命令行显示的"UCS 当前的正角方向：ANGDIR＝逆时针 ANGBASE＝0"提示信息中，可以了解到当前的正角度方向（如逆时针方向），零角度方向与 X 轴正方向的夹角（如 0°）。

　4）对齐对象

　选择"修改"|"三维操作"|"对齐"命令(ALIGN)，可以使当前对象与其他对象对齐，它既适用于二维对象，也适用于三维对象。

　在对齐二维对象时，可以指定 1 对或 2 对对齐点（源点和目标点），在对齐三维对象时，则需要指定 3 对对齐点，如图 2.35 所示。

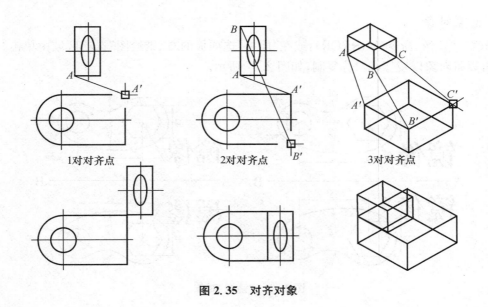

图 2.35 对齐对象

2.4.4 复制、阵列、偏移和镜像对象

在 AutoCAD 2008 中，使用"复制"、"阵列"、"镜像"、"偏移"命令，可以复制对象，创建与原对象相同或相似的图形。

1) 复制对象

选择"修改"|"复制"命令（COPY），或在"面板"选项板的"二维绘图"选项区域中单击"复制"按钮，可以对已有的对象复制出副本，并放置到指定的位置。

2) 阵列对象

选择"修改"|"阵列"命令（ARRAY），或在"面板"选项板的"二维绘图"选项区域中单击"阵列"按钮，都可以打开"阵列"对话框，可以在该对话框中设置以矩形阵列或者环形阵列方式多重复制对象，如图 2.36 所示。

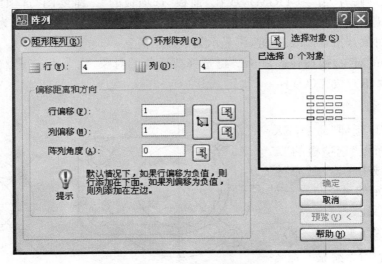

图 2.36 "阵列"对话框

3）镜像对象

"修改"|"镜像"命令（MIRROR），或在"面板"选项板的"二维绘图"选项区域中单击"镜像"按钮 ，可以将对象以镜像线对称复制，如图 2.37 所示。

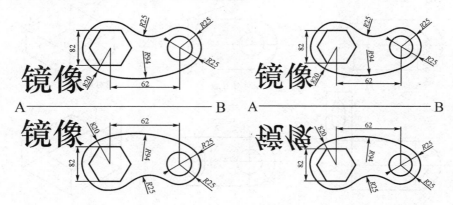

图 2.37　"镜像"对象

4）偏移对象

选择"修改"|"偏移"命令（OFFSET），或在"面板"选项板的"二维绘图"选项区域中单击"偏移"按钮 ，可以对指定的直线、圆弧、圆等对象作同心偏移复制。在实际应用中，常利用"偏移"命令的特性创建平行线或等距离分布图形。执行"偏移"命令时，其命令行显示如下提示：

指定偏移距离或［通过（T）/删除（E）/图层（L）］＜通过＞：

2.4.5　修改对象的形状和大小

在 AutoCAD 2008 中，可以使用"修剪"和"延伸"命令缩短或拉长对象，以与其他对象的边相接。也可以使用"缩放"、"拉伸"和"拉长"命令，在一个方向上调整对象的大小或按比例增大或缩小对象。

1）修剪对象

选择"修改"|"修剪"命令（TRIM），或在"面板"选项板的"二维绘图"选项区域中单击"修剪"按钮 ，可以以某一对象为剪切边修剪其他对象。执行该命令，并选择了作为剪切边的对象后（可以是多个对象），按＜Enter＞键，将显示如下提示信息：

选择要修剪的对象，或按住＜Shift＞键选择要延伸的对象，或［栏选（F）/窗交（C）/ 投影（P）/边（E）/删除（R）/放弃（U）］：

2）延伸对象

选择"修改"|"延伸"命令（EX-TEND），或在"面板"选项板的"二维绘图"选项区域中单击"延伸"按钮 ，可以延长指定的对象与另一对象相交或外观相交。

3）缩放对象（见图 2.38）

选择"修改"|"缩放"命令（SCALE），或在"面板"选项板的

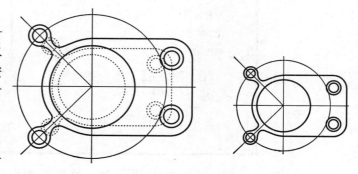

图 2.38　缩放对象

"二维绘图"选项区域中单击"缩放"按钮，可以将对象按指定的比例因子相对于基点进行尺寸缩放。

4）拉伸对象

选择"修改"|"拉伸"命令（STRETCH），或在"面板"选项板的"二维绘图"选项区域中单击"拉伸"按钮，就可移动或拉伸对象，操作方式根据图形对象在选择框中的位置决定。

5）拉长对象

选择"修改"|"拉长"命令（LENGTHEN），就可修改线段或者圆弧的长度。执行该命令时，命令行显示如下提示：

选择对象或［增量（DE）/百分数（P）/全部（T）/动态（DY）］：

2.4.6　修倒角、圆角和打断

在 AutoCAD 2008 中，可以使用"倒角"、"圆角"命令修改对象使其以平角或圆角相接，使用"打断"命令在对象上创建间距。

1）倒角对象

选择"修改"|"倒角"命令（CHAMFER），或在"面板"选项板的"二维绘图"选项区域中单击"倒角"按钮，即可为对象绘制倒角。执行该命令时，命令行显示如下提示信息：

选择第一条直线或［放弃（U）/多段线（P）/距离（D）/角度（A）/修剪（T）/方式（E）/多个（M）］：

2）圆角对象

选择"修改"|"圆角"命令（FILLET），或在"面板"选项板的"二维绘图"选项区域中单击"圆角"按钮，即可对对象用圆弧修圆角。执行该命令时，命令行显示如下提示信息：

选择第一个对象或［放弃（U）/多段线（P）/半径（R）/修剪（T）/多个（M）］：

3）打断

在 AutoCAD 2008 中，使用"打断"命令可部分删除对象或把对象分解成两部分，还可以使用"打断于点"命令将对象在一点处断开成两个对象。

4）合并对象

如果需要连接某一连续图形上的两个部分，或者将某段圆弧闭合为整圆，可以选择"修改"|"合并"命令（JOIN），或在"面板"选项板的"二维绘图"选项区域中单击"合并"按钮。执行该命令并选择需要合并的对象，命令行将显示如下提示信息：

选择圆弧，以合并到源或进行［闭合（L）］：

5）分解对象

对于矩形、块等由多个对象编组成的组合对象，如果需要对单个成员进行编辑，就需要先将它分解开。选择"修改"|"分解"命令（EXPLODE），或在"面板"选项板的"二维绘图"选项区域中单击"分解"按钮，选择需要分解的对象后按<Enter>键，即可分解图形并结束该命令。

3 平面图形与投影基础

3.1 几何作图

物体的轮廓一般是由直线、圆、圆弧或其他曲线组合而成的,要准确地画出物体的轮廓,必须掌握它们的基本作图方法。

1) 等分圆周作出多边形

利用丁字尺和三角板可作出不同的正多边形,见表 3.1。

表 3.1 等分圆周作正多边形

等　分	作图步骤	说　明
三等分（内接正三角形）		①用 60° 三角板过 A 点画 60° 斜线交 B 点 ②旋转三角板,同法画 60° 斜线交 C 点 ③连 BC,得正三角形
四等分（内接正四角形）		①用 45° 三角板斜边过圆心,交圆周于 1、3 点 ②移动三角板,用直角边作垂线 21、34 ③用丁字尺画直线 41、32,得内接正四边形
五等分（内接正五角形）		①以 A 为圆心、OA 为半径,画弧交圆于 B、C,连 BC 得 OA 中点 M ②以 M 为圆心、MI 为半径画弧,得交点 K,IK 线段长为所求五边形的边长 ③用 IK 长自 I 起截圆周得点 II、III、IV、V,依次连接各点,得五边形
六等分（内接正六角形）		第一法: 以 A(或 B)为圆心、原圆半径为半径,截圆于 1、2、3、4,即得圆周六等分 第二法: ①用 60° 三角板自 2 作弦 21,右移自 5 作弦 45,旋转三角板作弦 23、65 ②以丁字尺连接直线 16、34,得正六边形

2) 斜度与锥度

(1) 斜度

一直线对另一直线或一平面对另一平面的倾斜程度称为斜度。其大小用两直线或两平面夹角的正切值表示。在工程上常用 $1:n$ 的形式进行标注。

斜度的定义、行号及标注如图 3.1 所示。

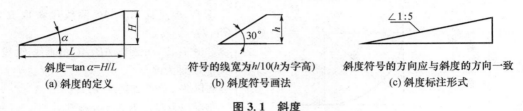

斜度=$\tan \alpha=H/L$ 符号的线宽为$h/10$(h为字高)   斜度符号的方向应与斜度的方向一致
(a) 斜度的定义   (b) 斜度符号画法   (c) 斜度标注形式

图 3.1　斜度

(2) 锥度

正圆锥的底圆直径与其高度之比称为锥度;若是圆台,则锥度为两底圆直径之差与其高度之比。在工程上也用 $1:n$ 的形式表示。

锥度的定义、符号及标注如图 3.2 所示。

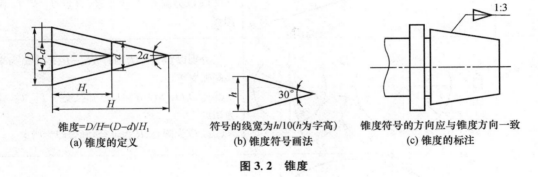

锥度=$D/H=(D-d)/H_1$ 符号的线宽为$h/10$(h为字高)   锥度符号的方向应与锥度方向一致
(a) 锥度的定义   (b) 锥度符号画法   (c) 锥度的标注

图 3.2　锥度

3) 圆弧连接

工程上的一些零件或工具,一般都具有光滑的或规则的几何形状轮廓,如图 3.3 所示。

图 3.3　零件轮廓的几何构形

这些几何形状的轮廓大多是由曲线和曲线或曲线和直线光滑连接而成。在工程制图中,称之为圆弧连接。要保证圆弧连接的准确和光滑,必须根据平面几何作图原理和方法,关键是找出连接点(即切点)的正确位置。为此,须掌握以下作图步骤:

(1) 求出连接弧的圆心;

（2）确定切点的准确位置；

（3）画出所连接的圆弧。

表 3.2 为各种圆弧连接的作图方法和步骤。

表 3.2　圆弧连接的作图方法

类　型		图　例	说　明
连接两直线	两直线垂直		①自 A 点向 AB、AC 两线段截取 R 得 T_1、T_2 ②由 T_1、T_2 分别作 AB、AC 的垂线，两线相交于 O，即为圆心 ③以 T_1、T_2 为连接点（切点） ④以 O 为圆心、R 为半径画弧
	两直线相交		①分别作 AB、AC 相距为 R 的平行线，得交点 O ②过 O 点分别作 AB、AC 的垂线，得垂足 T_1、T_2 ③以 O 为圆心，R 为半径，自点 T_1 至 T_2 画圆弧
连接两圆弧	与两圆弧外切		①分别以 O_1、O_2 为圆心，R_1+R、R_2+R 为半径画弧交于 O ②连 O_1O、O_2O 分别与已知弧交于 T_1、T_2，即为切点 ③以 O 为圆心、R 为半径，画弧即为所求
	与两圆弧内切		①分别以 O_1、O_2 为圆心，$R-R_1$、$R-R_2$ 为半径画弧交于 O ②连 O_1O、O_2O 分别与已知弧交于 T_1、T_2，即为切点 ③以 O 为圆心、R 为半径，画弧即为所求
	与两圆弧内外切		①分别以 O_1、O_2 为圆心，$R-R_1$、$R+R_2$ 为半径画弧交于 O ②连 O_1O、O_2O 分别与已知弧交于 T_1、T_2，即为切点 ③以 O 为接心、R 为半径，画弧即为所求

4）非圆曲线

工程上常见的非圆曲线为椭圆、抛物线、双曲线、阿基米得螺旋线、圆的渐开线等。下面介绍工程上常用的椭圆及圆的渐开线的画法。

（1）椭圆

椭圆的画法有两种：一种是同心圆画法，另一种是四心近似圆画法。在已知长、短轴尺寸的条件下，都能画出椭圆。

①同心圆画法（见图 3.4）

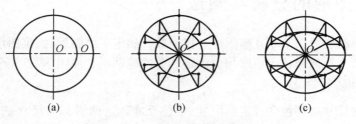

图 3.4 椭圆的同心圆画法

a. 以 O 为圆心、长轴的一半和短轴的一半为半径，分别画两个圆。

b. 过圆心均作射线（一般将圆周角等分为 12 等分），使其与两个圆相交，得交点。

c. 由大圆上的各交点作短轴的平行线，再由小圆上的各交点作长轴的平行线，两条平行线的交点即为椭圆的系列点，最后将各点用曲线板光滑连接，即成椭圆。

②四心近似圆画法（见图 3.5）

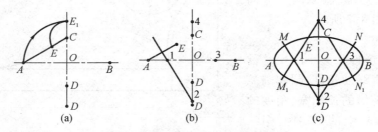

图 3.5 椭圆的四心近似圆画法

a. 作长、短轴，由 AB、CD 连接 AC，以 O 为圆心、OA 为半径画弧交短轴的延长线于 E_1 点，以 C 为圆心、CE_1 为半径圆弧与 AC 交于 E 点。

b. 作 AE 的垂直平分线与长轴交于 1 点，与短轴交于 2 点，作 1、2 点的对称点 3、4，连 23、34、14。

c. 分别以 1、3 为圆心，$1A$、$3B$ 为半径画小圆弧，以 2 和 4 为圆心、$2C$ 和 $4D$ 为半径画大圆弧，即得近似椭圆（图中 M、M_1、N、N_1 为切点）。

（2）圆的渐开线画法

一直线在圆周上作无滑动的滚动，该直线上任一点的轨迹即为此圆（基圆）的渐开线。齿轮的齿廓曲线大多是渐开线。渐开线的作图步骤如下（见图 3.6）：

①画出渐开线的基圆，将基圆圆周等分成若干个等分（图中为 12 等分）。

②将基圆圆周展开，其长度为 πD，并分成相同的等分。

③过基圆上各等分按同一方向作基圆的切线。

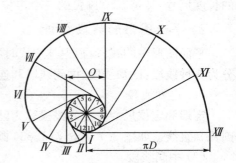

图 3.6 圆的渐开线画法

④在各切线上依次截取 $\frac{1}{12}\pi D,\frac{2}{12}\pi D,\cdots,\pi D$，得 I，II，$\cdots$，XII 各等分点，再用曲线板光滑连接各点即得圆的渐开线。

3.2　平面图形的分析与画法

平面图形由一些线段和基本几何图形连接而成。确定平面图形时，该图形中各线段之间的相对位置关系和基本几何形状大小即相应确定。要准确画出平面图形，首先要对其进行分析。

1）平面图形的尺寸分析

平面图形中的尺寸主要包含有定形尺寸、定位尺寸。这两者都与尺寸基准有关，因此要弄清它的含义和作用。

（1）尺寸基准

确定尺寸位置的几何元素称为尺寸基准。平面图形中常用对称中心线、圆或圆弧的中心线、重要的轮廓线以及图形的边线作尺寸基准。由于平面图形是二维图形，故需要两个方向的尺寸基准，如图 3.7 所示。

（2）定形尺寸

确定平面图形形状大小的尺寸称为定形尺寸，如直线的长度、圆和圆弧的直径及半径、矩形的长和宽、角度的大小等，如图 3.7 中的 80、10、$\phi15$、$\phi30$、$R18$、$R30$ 和 $R50$。

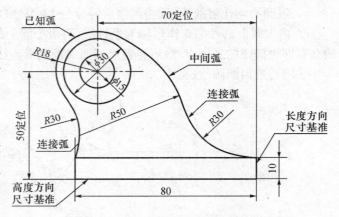

图 3.7　平面图形的尺寸分析和线段分析

（3）定位尺寸

确定平面图形上点、线段间相对位置的尺寸称为定位尺寸。它包含各基本体之间的相对位置，如孔的圆心到基准的距离、孔与孔之间的距离，如图 3.7 中的 70 和 50。

平面图形一般需要两个方向的定位尺寸，例如图 3.7 中 $\phi15$、$\phi30$、$R18$ 圆心的定位，即需要高度方向定位尺寸 50 和长度方向定位尺寸 70。

需要指出的是，有时一个尺寸常常兼有定形和定位两种作用，例如图 3.7 中的 80 既是矩形的长度尺寸，又是 $R50$ 圆弧的一个定位尺寸。

2）平面图形的线段分析

平面图形中的线段，根据其生成时所具有的尺寸数量，或根据设计者所赋予其的功能，通常分为 3 种线段：已知线段、中间线段和连接线段。

（1）已知线段

定形和定位尺寸齐全的线段称为已知线段，包括不依赖于其他线段便可以独立画出的圆、圆弧和直线。如图 3.7 中的 $\phi15$、$\phi30$ 圆、$R18$ 圆弧、80 和 10 的直线段均为已知线段。

（2）中间线段

只有定形尺寸和一个方向定位尺寸的线段，或虽有定位尺寸但无定形尺寸，还需根据一个连接关系才能画出的线段，称为中间线段，如图 3.7 中的 $R50$ 圆弧。

（3）连接线段

只有定形尺寸没有定位尺寸，而需要依靠与之相邻的两个连接关系才能画出的线段称为连接线段，如图 3.7 中的两个 $R30$ 圆弧。

注意：在两条已知线段之间，可以有多条中间线段，但只能有一条连接线段。

3）平面图形的画法

根据以上的尺寸分析和线段分析，平面图形的画图步骤如下：

（1）画基准线、定位线，如图 3.8(a)所示；

（2）画已知线段，如图 3.8(b)所示；

（3）画中间线段，如图 3.8(c)所示；

（4）画连接线段，如图 3.8(d)所示；

（5）整理全图，仔细检查无误后加深图线，标注尺寸，如图 3.7 所示。

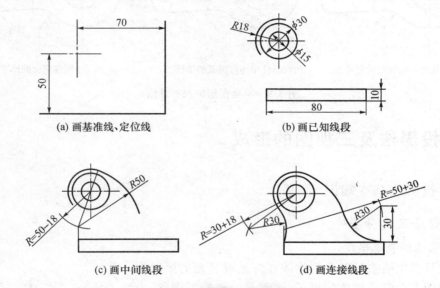

图 3.8　平面图形的画图步骤

4）平面图形的尺寸注法

平面图形中标注的尺寸，必须能唯一地确定图形的形状和大小。尺寸标注的基本要求是：

（1）尺寸标注完全，不遗漏，不重复；

（2）尺寸注写要符合国家标准 GB/T 4458.4 - 2003《机械制图　尺寸注法》和 GB/T 19096 - 2003《技术制图　图样画法　未定义形状边的术语和注法》的规定；

（3）尺寸注写要清晰，便于阅读。

标注尺寸的方法和步骤如下：

（1）分析平面图形的形状和结构，确定长度方向的尺寸基准和高度方向的尺寸基准。一般选用图形中的主要中心线和轮廓线作为基准线。

（2）分析并确定图形的线段性质，即哪些是已知线段，哪些是中间线段，哪些是连接线段。

（3）按已知线段、中间线段、连接线段的次序逐个标注尺寸，对称尺寸应对称标注。

图 3.9 为平面图形的尺寸注法举例。

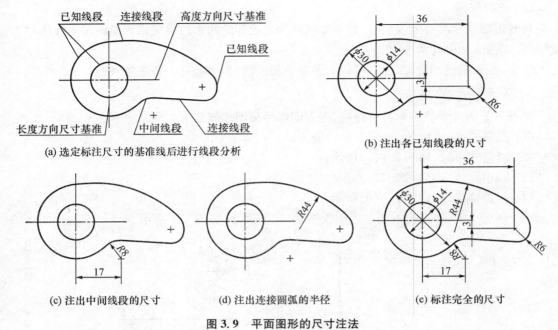

(a) 选定标注尺寸的基准线后进行线段分析　　　　(b) 注出各已知线段的尺寸

(c) 注出中间线段的尺寸　　　　(d) 注出连接圆弧的半径　　　　(e) 标注完全的尺寸

图 3.9　平面图形的尺寸注法

3.3　投影法及三视图的形成

3.3.1　投影法基本知识

1) 投影法及其分类

(1) 投影法的基本概念

人们在日常生活中可以看到物体在灯光或日光的照射下，在地面或墙面上会形成物体的影子，这就是一种投影现象。投影法就是将这一现象加以科学抽象而产生的。

如图 3.10 所示，空间有一平面 P 以及不在该平面上的点 S 和 A，过点 S 和 A 连一直线，作出 SA 并延长与平面 P 相交于点 a，则 a 即为空间点 A 在平面 P 上的投影，点 S 称为投射中心，平面 P 称为投影面，直线 SA 称为投射线。

投射线通过物体，向选定的面投射. 并在该面上得到图形的方法称为投影法。

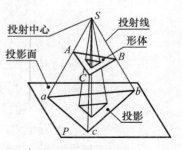

图 3.10　中心投影法

(2) 投影法的分类

投影法可以分为中心投影法和平行投影法两类。

①中心投影法：投射线汇交于投射中心的投影方法称为中心投影法。按中心投影法作出的投影称为中心投影，如图 3.10 所示。

由于投射线是从投射中心 S 发出的，所得中心投影不能反映物体的真实大小。但它较符合人眼的成像原理，图面效果逼真，广泛用于绘制建筑、环境、产品等效果图。

②平行投影法：若将中心投影法中的投射中心移到无穷远处，则投射线可视为相互平行，这

种投影方法称为平行投影法。按平行投影法作出的投影称为平行投影,如图 3.11 所示。

根据投射线与投影面的相对位置关系,平行投影法又分为两种:

a. 斜投影法:投射线与投影面倾斜。用斜投影法得到的投影称为斜投影,见图 3.11(a)。

b. 正投影法:投射线与投影面垂直。用正投影法得到的投影称为正投影,见图 3.11(b)。由于正投影图的度量性好,在工程技术界得到广泛应用。

从图 3.11 还可以看出。投影图并不是单纯的一块黑影,而是按照投影法的原理,将物体内、外表面上的一些轮廓线都表示出来的图像。

图 3.12 是用正投影法画出的物体在平面 P 上的投影。

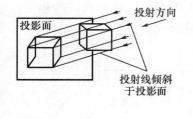

图 3.11　平行投影法

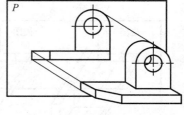

图 3.12　正投影图的形成

2) 正投影的基本性质

正投影的基本性质如表 3.3 所示。

表 3.3　正投影的基本性质

投影特性	实形性	积聚性	类似性
图例			
说明	直线或平面平行于投影面时,其投影反映实长或实形	直线或平面垂直于投影面时,其投影积聚成一点或一条直线	平面倾斜于投影面时,其投影是原来图形的相似形,但面积小于原图形的面积
投影特性	平行性	定比性	从属性
图例			
说明	空间平行的两条直线,其投影仍然平行	直线上两段长度之比,与其投影长之比相等;两条平行线段长度之比,与其投影长之比相等	直线(或平面)上的点,其投影必在直线(或平面)的投影上

3.3.2　三视图的形成

1）三投影面体系的建立

如图 3.13 所示的虽然是三个不同物体,但它们在同一投影面上的投影却是相同的。因此,只根据物体的一个投影,不能完整表达物体形状,必须增加由不同投射方向,在不同的投影面上所得到的几个投影互相补充,才能把物体表达清楚。

工程上通常采用三投影面体系来表达物体的形状,即在空间建立互相垂直的三个投影面:正立投影面 V、水平投影面 H 和侧立投影面 W,如图 3.14 所示。正立投影面简称为正面或 V 面,水平投影面简称为水平面或 H 面,侧立投影面简称为侧面或 W 面。三投影面两两相交产生的交线 OX、OY、OZ 称为投影轴,三根投影轴交于一点 O,称为投影原点。

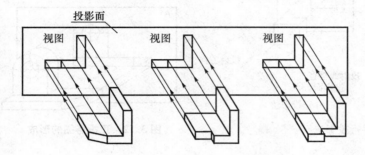

图 3.13　仅凭一个视图不能唯一确定空间物体的形状　　　　**图 3.14　三投影面体系**

2）三视图的形成

如图 3.15 所示,将物体放在三投影面体系中,分别向三个投影面进行正投射,就可得到物体的三个视图,即国标中基本视图中的三个:

(1) 主视图:由前向后投射,在正面上所得的视图;

(2) 俯视图:由上向下投射,在水平面上所得的视图;

(3) 左视图:由左向右投射,在侧面上所得的视图。

为了便于画图和表达,必须使处于空间位置的三视图在同一个平面上表示出来。如图 3.15(b)所示,规定 V 面固定不动,将 H 面绕 OX 轴向下旋转 90°,将 W 面绕 OZ 轴向后旋转 90°,使它们与 V 面处于同一平面上。在旋转过程中,OY 轴一分为二,随 H 面旋转的轴称为 OY_H;随 W 面旋转的轴称为 OY_W。工程上用来表达物体的三视图一般省略投影轴和投影面线框,各个视图之间只需保持一定间隔(用于标注尺寸)即可,如图 3.15(d)所示。

3）三视图的投影规律

(1) 三视图的位置关系

如图 3.15(c)、(d)所示,三视图的位置关系为:主视图在上,俯视图在主视图的正下方,左视图在主视图的正右方。

(2) 投影对应关系及其投影规律

由图 3.15(c)、(d)可以看出,每个视图只能反映物体长、宽、高中两个方向的大小:

①主视图反映物体的长 x 和高 z;

②俯视图反映物体的长 x 和宽 y;

③左视图反映物体的宽 y 和高 z。

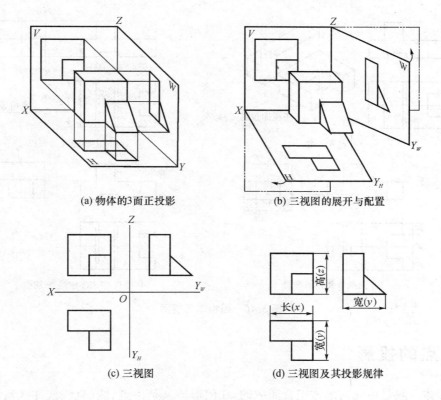

(a) 物体的3面正投影　　　　　　　(b) 三视图的展开与配置

(c) 三视图　　　　　　　　　　(d) 三视图及其投影规律

图 3.15　三视图的形成

从物体的投影和投影面的展开过程中,还可得到:

①主、左视图反映了物体上、下方向的同样高度(等高);物体上各点、线、面在主、左视图上的投影,应在高度方向上保持平齐,简称"高平齐";

②主、俯视图反映了物体左、右方向的同样长度(等长);物体上各点、线、面在主、俯视图上的投影,应在长度方向上保持对正,简称"长对正";

③俯、左视图反映了物体前、后方向的同样宽度(等宽);物体上各点、线、面在俯、左视图上的投影,应在宽度方向上保持相等,简称"宽相等"。

上述三条投影规律,尤其是最后一条,必须在初步理解的基础上,经过画图和看图的反复实践,逐步达到熟练和融会贯通的程度。

(3) 物体的方位关系

从图 3.15(c)还可以看出:主视图反映了物体上下、左右的方位关系;俯视图反映了物体左右、前后的方位关系;左视图反映了物体上下、前后的方位关系。

初学者应特别注意对照直观图和平面图,熟悉展开和还原过程,以便在平面图上准确判断物体不同的方位关系,尤其是前后方位。

【例 3.1】　如图 3.16 所示,试根据物体的立体图和主、俯视图,画出其左视图。

作图:如图 3.16 所示。

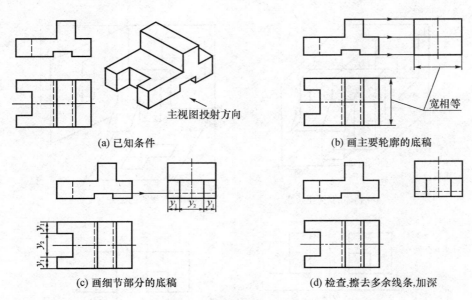

(a) 已知条件

(b) 画主要轮廓的底稿

(c) 画细节部分的底稿

(d) 检查,擦去多余线条,加深

图 3.16　画物体三视图

3.4　点的投影

工程形体一般是由几何形体组合而成的,几何形体又是由点、线(直线或曲线)、面(平面或曲面)等几何元素所组成。因此,在了解了物体三视图的基础上,继续学习点、直线、平面的投影及作图方法,可以加深对投影规律的理解,为正确地表达形体(画图)和看图打下基础。

1) 点的三面投影

在三面投影体系中,将空间点 A 分别向 V、H、W 面投射,即得点的三面投影,如图 3.17 所示。其中,V 面上的投影称为正面投影,记为 a';H 面上的投影称为水平投影,记为 a;W 面上的投影称为侧面投影,记为 a''。

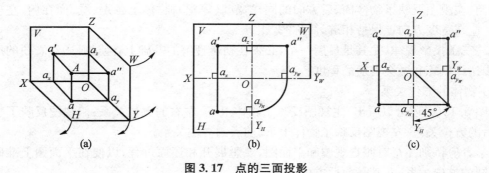

图 3.17　点的三面投影

2) 点的三面投影与直角坐标的关系

如图 3.18 所示,若将三投影面体系当做笛卡儿直角坐标系,则投影面 V、H、W 相当于坐标面,投影轴 OX、OY、OZ 相当于坐标轴 X、Y、Z,原点 O 相当于坐标原点 O。原点把每一个轴分成两部分,并规定:OX 轴从 O 向左为正,向右为负;OY 轴向前为正,向后为负;OZ 轴向上为正,向下为负。因此,投影面内的点,其坐标值均为正。

如图 3.19 所示,点 A 的三面投影与其坐标间的关系如下:

(1) 空间点的任一投影,均反映了该点的某两个坐标值,即:$a(x_A,y_A)$,$a'(x_A,z_A)$,$a''(y_A,z_A)$。

(2) 空间点的每一个坐标值,反映了该点到某投影面的距离:

$x_A = Oa_x = a'a_z = aa_y = aa_{y_H}$,即 A 到 W 面的距离;

$y_A = Oa_y = Oa_{y_H} = Oa_{y_W} = aa_x = a''a_z$,即 A 到 V 面的距离;

$z_A = Oa_z = a'a_x = a''a_y = a''a_{y_W}$,即 A 到 H 面的距离。

由上可知,点 A 的任意两个投影反映了点的三个坐标值。有了点 A 的一组坐标 (x_A,y_A,z_A) 就能唯一确定该点的三面投影 (a,a',a'')。

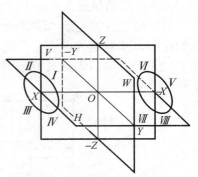

图 3.18 三面投影体系与直角坐标系的关系

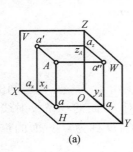 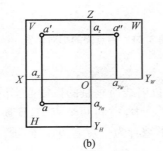 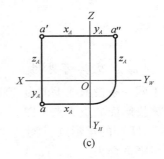

(a)   (b)   (c)

图 3.19 点的投影

3)点的三面投影规律

如图 3.19(a) 所示,投射线 Aa 和 Aa' 构成的平面 Aaa_xa' 垂直于 H 面和 V 面,则必垂直于 OX 轴,因而 $aa_x \perp OX$,$a'a_x \perp OX$。当 a 随 H 面绕 OX 轴旋转与 V 面平齐后,a、a_x、a' 这三点共线,且 $a'a \perp OX$ 轴,如图 3.19(c) 所示。同理可得,点 A 的正面投影与侧面投影的连线垂直于 OZ 轴,即 $a'a'' \perp OZ$。

综上所述,点的三面投影规律为:

(1) 点的正面投影与水平投影的连线垂直于 OX 轴;

(2) 点的正面投影与侧面投影的连线垂直于 OZ 轴;

(3) 点的水平投影与侧面投影具有相同的 y 坐标。

【例 3.2】 已知点 C 的正面投影 c' 和侧面投影 c'',求作其水平投影 c,如图 3.20(a) 所示。作图步骤如图 3.20(b) 所示。

(1) 过 c' 作 $c'c_x \perp OX$;

(2) 过 c'' 作 $c''c_{y_W} \perp OY_W$;

(3) 以 O 为圆心、Oc_{y_W} 为半径作圆弧交 OY_H 于 c_{y_H};

(4) 过 c_{y_H} 作平行于 OX 轴的直线,与 $c'c_x$ 的延长线相交,交点即为水平投影 c。

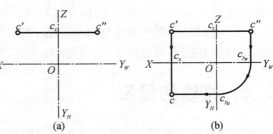

图 3.20 例 3.2 用图

4)两点间的相对位置

两点间的相对位置是指空间两点之间上

下、左右、前后的位置关系。

根据两个点的坐标,可判断空间两点间的相对位置。两点中,x 坐标值大的在左,y 坐标值大的在前,z 坐标值大的在上。图 3.21(a)中,$x_A > x_B$,则点 A 在点 B 之左;$y_A > y_B$,则点 A 在点 B 之前;$z_A > z_B$,则点 A 在点 B 之上。即点 A 在点 B 之左、前、上方,如图 3.21(b)所示。

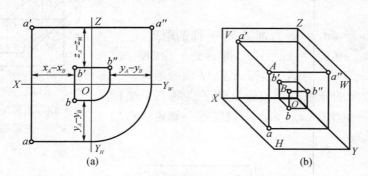

图 3.21　两点间的相对位置

5) 重影点及其可见性

属于同一条投射线上的点,在该投射线所垂直的投影面上的投影重合为一点。空间的这些点称为该投影面的重影点。图 3.22(a)中,空间两个点 A、B 属于对 H 面的一条投射线,则点 A、B 称为 H 面的重影点,其水平投影重合为一点 $a(b)$。同理,点 C、D 称为对 V 面的重影点,其正面投影重合为一点 $c'(d')$。

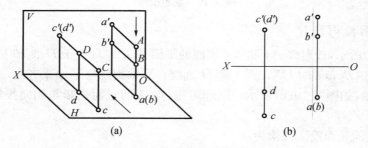

图 3.22　重影点和可见性

当空间两个点在某投影面上的投影重合时,其中必有一点的投影遮挡着另一点的投影,这就出现了重影点的可见性问题。图 3.22(b)中,点 A、B 为 H 面的重影点,由于 $z_A > z_B$,点 A 在点 B 的上方,故 a 可见,b 不可见(点的不可见投影加括号表示)。同理,点 C、D 为 V 面的重影点,由于 $y_C > y_D$,点 C 在点 D 的前方,故 c' 可见,d' 不可见。

显然,重影点是那些两个坐标值相等、第三个坐标值不等的空间点。因此,判断重影点的可见性,是根据它们不等的那个坐标值来确定的,即坐标值大的可见,坐标值小的不可见。

3.5　直线的投影

直线的投影一般仍是直线。由于两点即确定一条直线,因此只要作出直线段两个端点的三面投影,连接两点的同面投影(同一投影面上的投影),即可得到直线的投影。

3.5.1 各种位置直线的投影特性

按照直线与三投影面的相对位置,可以将直线分为三种:

(1) 投影面平行线:平行于一个投影面,倾斜于另外两个投影面的直线;

(2) 投影面垂直线:垂直于一个投影面,平行于另外两个投影面的直线;

(3) 一般位置直线:与三投影面都倾斜的直线。

投影面平行线和投影面垂直线又称为特殊位置直线。

直线相对于三个投影面 H、V、W 面的倾角分别用 θ_H、θ_V、θ_W 表示。

1) 投影面平行线

投影面平行线可分为三种:

(1) 水平线:平行于 H 面的直线;

(2) 正平线:平行于 V 面的直线;

(3) 侧平线:平行于 W 面的直线。

在图 3.23 中,直线 AC 是水平线、BC 是正平线、AB 是侧平线。

现以正平线 BC 为例(见图 3.24)讨论投影面平行线的投影特性。

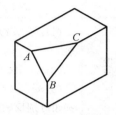

图 3.23　投影面平行线

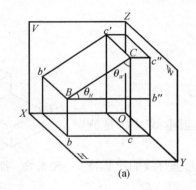
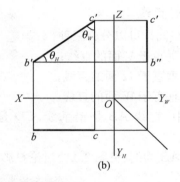

(a)　　　　　　　　　　　　(b)

图 3.24　正平线的投影特点

(1) 正平线 BC 的正面投影反映线段实长,即 $b'c' = BC$;

(2) 正平线 BC 的水平投影 $bc \parallel OX$,侧面投影 $b''c'' \parallel OZ$;

(3) 正平线 BC 的正面投影 $b'c'$ 与 OX 轴的夹角,反映直线对 H 面的倾角;$b'c'$ 与 OZ 轴的夹角反映直线对 W 面的倾角。

各投影面平行线的投影特性见表 3.4。

表 3.4　投影面平行线的投影特性

名　称	水平线	正平线	侧平线
立体图			

（续表 3.4）

名　称	水平线	正平线	侧平线
投影图	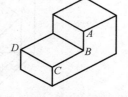		
投影特性	（1）$a'c'$∥OX 轴，$a''c''$∥OY_W 轴 （2）$ac=AC$ （3）ac 与 OX 轴和 OY_W 轴的夹角分别反映 AC 对 H 面和 W 面的倾角	（1）bc∥OX 轴，$b''c''$∥OZ 轴 （2）$b'c'=BC$ （3）$b'c'$ 与 OX 轴和 OZ 轴的夹角分别反映 BC 对 H 面和 W 面的倾角	（1）$a'b'$∥OZ 轴，ab∥OY_W 轴 （2）$a''b''=AB$ （3）$a''b''$ 与 OZ 轴和 OY_W 轴的夹角分别反映 BC 对 V 面和 H 面的倾角

2）投影面垂直线

投影面垂直线同样可以分为三种：

（1）正垂线：垂直于 V 面的直线；

（2）铅垂线：垂直于 H 面的直线；

（3）侧垂线：垂直于 W 面的直线。

在图 3.25 中，直线 AB 是铅垂线、CD 是正垂线、BC 是侧垂线。

现以铅垂线 AB 为例（见图 3.26）讨论投影面垂直线的投影特性。

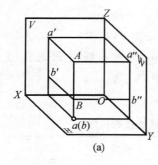

图 3.25　投影面垂直线

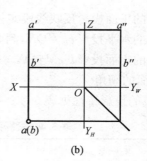

图 3.26　铅垂线的投影特点

（1）铅垂线 AB 的水平投影积聚为一点；

（2）铅垂线 AB 平行于 V、W 面，在 V、W 面的投影反映实长，即 $a'b'=AB$，$a''b''=AB$；

（3）铅垂线 AB 的正面投影 $a'b'$ 垂直于 OX 轴，侧面投影 $a''b''$ 垂直于 OY_W 轴。

各投影面垂直线的投影特性见表 3.5。

表 3.5　投影面垂直线的投影特性

名　称	铅垂线	正垂线	侧垂线
立体图			
投影图			
投影特性	(1)$a'b'\perp OX$ 轴,$a''b''\perp OY_W$ 轴 (2)ab 积聚为一点 (3)$a'b'=a''b''=AB$	(1)$cd\perp OX$ 轴,$c''d''\perp OZ$ 轴 (2)$c'd'$ 积聚为一点 (3)$cd=c''d''=CD$	(1)$c'b'\perp OZ$ 轴,$cd\perp OY_H$ 轴 (2)$c''d''$ 积聚为一点 (3)$cb=c'b'=CB$

3) 一般位置直线

倾斜于三个投影面的直线称为一般位置直线,如图 3.27 所示。

一般位置直线的投影特性如下:

(1) 直线的三面投影都倾斜于投影轴,它们与投影轴的夹角均不反映直线与投影面的倾角。

(2) 直线的投影长度均比实际长度短。

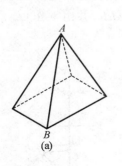
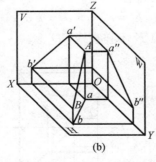
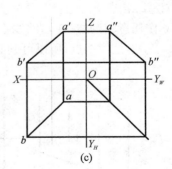

(a)　　　　　　　　　　(b)　　　　　　　　　　(c)

图 3.27　一般位置直线

3.5.2 点、直线的相对位置

1)点与直线的相对位置

点与直线的相对位置有两种情况:点在直线上或点不在直线上。

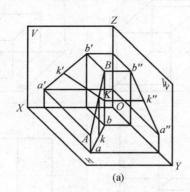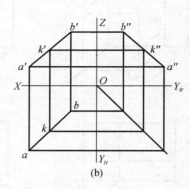

图 3.28 直线上点的投影

如图 3.28 所示,直线 AB 上的点 K 有如下投影特性:

(1) 点的投影在直线的同面投影上。点 K 的投影 k、k'、k'' 分别在直线 AB 的投影 ab、$a'b'$、$a''b''$ 上。

(2) 点分线段之比等于点的投影分线段投影之比,即有:

$$AK:KB=ak:kb=a'k':k'b'=a''k'':k''b''$$

【例 3.3】 在图 3.29(a)中,判断点 M 和点 N 是否在直线 AB 上,点 K 是否在直线 CD 上。

分析:

(1) 判断点是否在一般位置直线上,只需判断两个投影是否满足从属性即可。由于 m' 和 n' 在 $a'b'$ 上,m 在 ab 上,而 n 不在 ab 上,故点 M 在直线 AB 上,而点 N 不在直线 AB 上。

(2) 根据直线 CD 的两面投影可知 CD 是侧平线。侧平线上点不能通过 V 面和 H 面投影来直接判断。下面介绍两种判断方法。

方法 1:若点 K 在直线 CD 上,则 K 的侧面投影必在 CD 的侧面投影上。如图 3.29(b)所示,作出 $c''d''$ 和 k'',由于 k'' 不在 $c''d''$ 上,可判断 K 点不在 CD 上。

方法 2:若点 K 在直线 CD 上,则必符合 $c'k':k'd'=ck:kd$ 的定比关系。如图 3.29(c)所示,过 c 作任意辅助线,在辅助线上量取 $ck_1=c'k'$,$k_1d_1=k'd'$,连接 dd_1,并由 k 作 $kk_0/\!/dd_1$。因为 k_1、k_0 不是同一点,所以可判断出点 K 不在直线 CD 上。

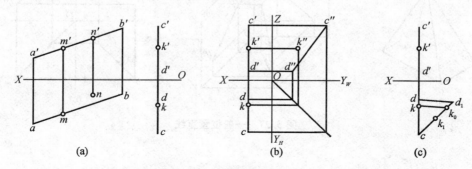

图 3.29 判断点是否在直线上

2) 直线与直线的相对位置及其投影特性

空间两条直线的相对位置有三种情况：平行、相交、交叉（异面）。如图 3.30 所示，形体上 AB 和 BC 为相交直线，AB 和 CD 为平行直线，AB 和 EF 为交叉直线。

（1）两条直线平行

两条平行直线的投影特点（见图 3.31）如下：

①平行直线的所有同面投影相互平行（平行性），$a'b'\ /\!/\ c'd'$，$ab\ /\!/\ cd$，$a''b''\ /\!/\ c''d''$。

②两条直线同面投影的长度比，等于两条直线段实际长度之比（定比性），即 $a'b'：c'd'=ab：cd=a''b''：c''d''=AB：CD$。

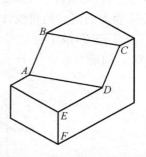

图 3.30 直线间相对位置关系

若两条直线的三组同面投影相互平行，则空间两条直线必定相互平行。对于两条一般位置直线，只要其任意两组同面投影平行，则可断定这两条直线在空间相互平行。

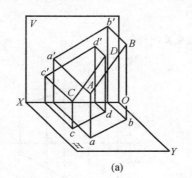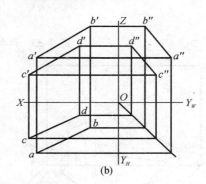

图 3.31 两条直线平行的投影特性

（2）两条直线相交

若空间两条直线相交，则它们的同面投影必相交，其同面投影的交点是两条直线交点的投影。如图 3.32 所示，直线 AB、CD 相交于点 K（两条直线的共有点），其投影 ab 与 cd，$a'b'$ 与 $c'd'$ 分别相交于 k、k'，且 k、k' 符合点的投影规律。

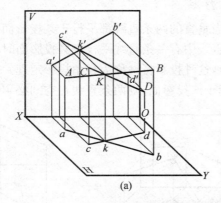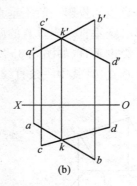

图 3.32 两条直线相交的投影特性

（3）两条直线交叉（既不平行又不相交，也称异面直线）

交叉的两条直线的投影既不符合平行的两条直线的投影特性，也不符合相交的两条直线的投影特性。如图 3.33 所示，空间两条直线 AB 与 CD 交叉，可能有一组或两组同面投影平行，但两条直线的其余同面投影必定不平行;也可能在三个投影面的同面投影都相交,但"交点"不符合点的投影规律。交叉的两条直线同面投影的交点实际上是一对重影点的投影。在图 3.34 中,H 面上的交点是直线 AB 上的点 I 与直线 CD 上的点 II 对 H 面的重影。从正面投影可知,点 I 高于点 II,故 I 可见,II 不可见。同理,V 面上交点是直线 CD 上的点 III 与直线 AB 上的点 IV 对 V 面的重影。从 H 面投影可知,点 IV 在点 III 的前方,故 IV 可见,III 不可见。

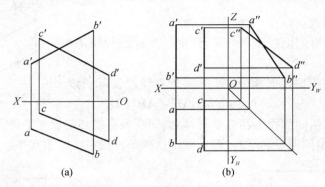

图 3.33　两条直线交叉(一)

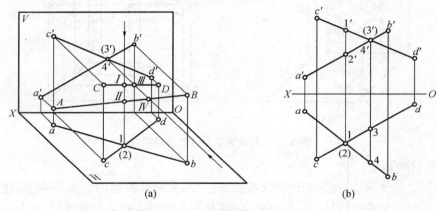

图 3.34　两条直线交叉(二)

3)一边平行于投影面的直角的投影

垂直的两条直线的投影一般不垂直。当垂直的两条直线都平行于某投影面时,则它们在该投影面上的投影必定垂直。当垂直的两条直线中有一条直线平行于某投影面时,则两条直线在该投影面上的投影也垂直(如图 3.35 所示),这种投影特性称为直角投影定理。反之,若两条直线的某投影相互垂直,且其中一条直线平行于该投影面,则两条直线在空间必定相互垂直。

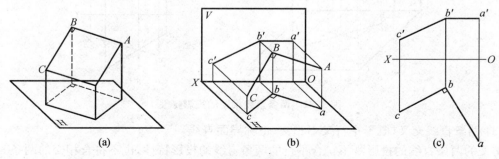

图 3.35　一边平行于投影面的直角投影

如图 3.35 所示，AB 与 CD 垂直相交，$AB /\!/ H$ 面，则 $ab \perp cd$（证明过程从略）。

【例 3.4】　求交叉的两条直线 AB、CD 之间的距离（见图 3.36）。

分析：直线 AB 是铅垂线，CD 是一般位置直线，若求两条直线之间的距离，必须求出两条直线的公垂线。因为与铅垂线相垂直的直线必定是水平线，如图 3.36(c) 中的 EF。因为 $EF \perp CD$ 且 $EF /\!/ H$ 面，则 $ef \perp cd$。

作图：

(1) 由直线 AB 的 H 面投影 $a(b)$ 向 cd 作垂线交于 f，并求出 f'。

(2) 过 f' 作 $f'e' /\!/ OX$，交 $a'b'$ 于 e'，$e'f'$ 和 ef 即为公垂线 EF 的两个投影。

(3) 水平线 EF 的 H 面投影 ef 即为两条直线之间的距离。

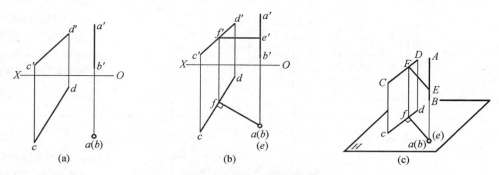

图 3.36　求交叉的两条直线间的距离

3.6　平面的投影

3.6.1　平面的表示法

由初等几何可知，不属于同一直线的三点确定一平面。因此，可由下列任意一组几何元素的投影表示平面（见表 3.6）：①不在同一直线上的三个点；②一条直线和不属于该直线的一点；③相交的两条直线；④平行的两条直线；⑤任意平面图形。如表 3.6 所示。

表 3.6　平面表示法

不在同一直线上的 三点	一条直线和直线外 1 点	相交的两条直线	平行的两条直线	任意的平面图形

3.6.2　各种位置平面的投影特性

在三投影面体系中，平面和投影面的相对位置关系与直线和投影面的相对位置关系相同，可以分为三种：投影面平行面、投影面垂直面、投影面倾斜面。前两种为投影面特殊位置平面，后一种为投影面一般位置平面。

1）投影面平行面

投影面平行面是平行于一个投影面，并必与另外两个投影面垂直的平面。与 H 面平行的平面称为水平面，与 V 面平行的平面称为正平面，与 W 面平行的平面称为侧平面。它们的投影图及投影特性见表 3.7。

表 3.7　投影面平行面的投影特性

名　称	立体面	投影图	投影特性
正平面	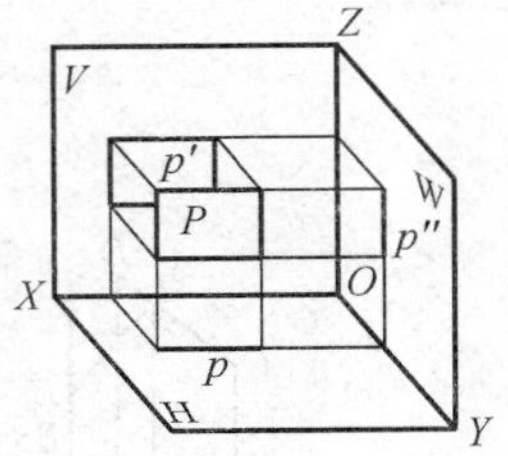	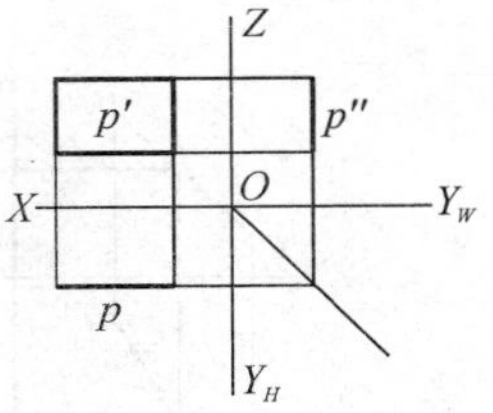	①正面投影反映实形 ②水平投影平行于 OX 轴，侧面投影平行于 OZ 轴，均积聚成一条直线
水平面	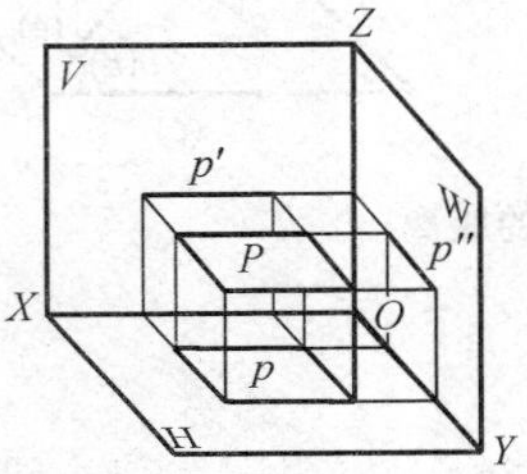	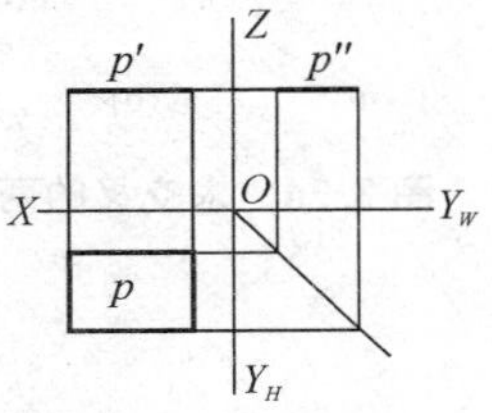	①水平投影反映实形 ②正面投影平行于 OX 轴，侧面投影平行于 OZ 轴，均积聚成一条直线
侧平面	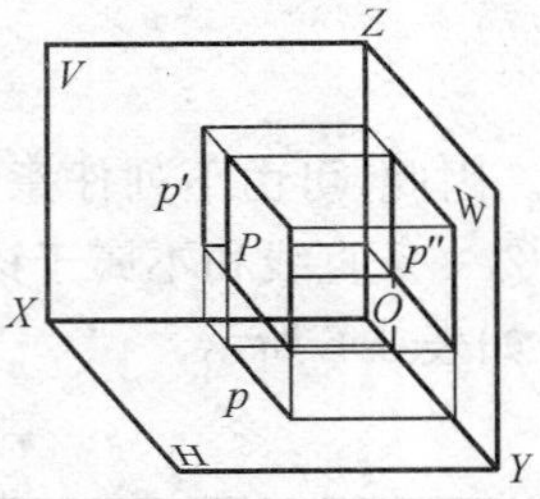	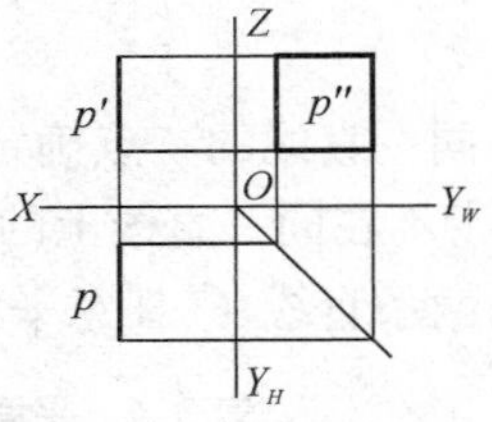	①侧面投影反映实形 ②正面投影平行于 OZ 轴，水平投影平行于 OY_H 轴，均积聚成一条直线

由此可得投影面平行面的投影特点如下：

（1）在所平行的投影面上的投影，反映实形；

（2）在另外两个投影面上的投影分别积聚为直线，其平行于相应的投影轴。

2）投影面垂直面

投影面垂直面是垂直于一个投影面，并与另外两个投影面倾斜的平面。与 H 面垂直的平面称为铅垂面，与 V 面垂直的平面称为正垂面，与 W 面垂直的平面称为侧垂面。它们的投影图及投影特性见表 3.8。

由此可得出投影面垂直面的投影特点如下：

（1）在所垂直的投影面上的投影积聚成直线，它与投影轴的夹角分别反映该平面对另外两个投影面的真实倾角；

（2）在另外两个投影面上的投影为与原形类似的平面图形，面积缩小。

表 3.8　投影面垂直面的投影特性

名　称	立体图	投影图	投影特性
正垂面			①正面投影积聚成一条直线,反映 α、γ 角 ②水平投影和侧面投影为平面的类似形,但面积缩小
铅垂面			①水平投影积聚成一条直线,反映 β、γ 角 ②正面投影和侧面投影为平面的类似形,但面积缩小
侧垂面			①侧面投影积累成一条直线,反映 α、β 角 ②水平投影和正面投影为平面的类似形,但面积缩小

3)一般位置平面

一般位置平面与三个投影面都倾斜,因此,在三个投影面上的投影都不反映实形,而是缩小了的类似形。

如图 3.37 所示,$\triangle ABC$ 为一般位置平面,对 H、V、W 这三个投影面都倾斜,其三面投影都是三角形,为实形的类似形,但面积比实形小。

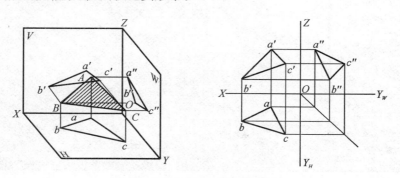

图 3.37　一般位置平面投影

由此可得出处于一般位置的平面的投影特性:它的三个投影仍是平面图形,而且面积缩小。

【例 3.5】　如图 3.38(a)所示,判断点 p 是否在平面 ABC 内。

分析:若点 p 在平面 ABC 内,则必在平面 ABC 内的一条直线上,反之,则不在平面 ABC 内。

解:(1) 过点 a'、p' 作一条直线交边 $b'c'$ 于点 k';

(2) 由点 k' 作点 K 的水平投影 k;

(3) 连接 a、k,显然 p 不在直线 ak 上,由此判断点 P 不在平面 ABC 内。

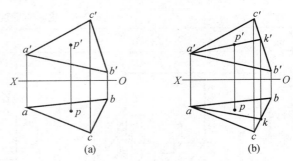

图 3.38　判断点 P 是否在平面 ABC 内

3.7　用 AutoCAD 2008 绘制物体的三视图

第 2 章介绍了 AutoCAD 2008 基本的绘图和编辑命令,利用这些命令能够完成一般图形的绘制,但要绘制符合要求的工程图样,充分利用 AutoCAD 2008 提供的强大的绘图功能,还必须理解下面几个 AutoCAD 2008 的重要概念。

1) 图层

图层是 AutoCAD 2008 组织图形的一个有效工具。可以把图层看做一叠透明的图纸,在每一层(一张图纸)中,安排一些特殊的图形要素,并给每层赋以不同的线型、颜色等。在绘图过程中,使用不同的图层可以方便地控制对象的显示和编辑,提高绘图效率。

在一个复杂的图形中,有许多不同类型的图形对象,为了方便区分和管理,可以通过创建多个图层,将特性相似的对象绘制在同一个图层上。例如,将图形的所有尺寸标注绘制在标注图层上。

点击"图层"面板上的"图层特性管理器"按钮或键入命令 Layer,出现"图层特性管理器"对话框,如图 3.39 所示。

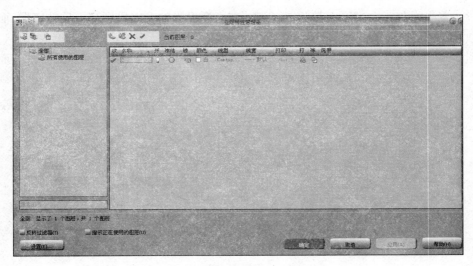

图 3.39　"图层特性管理器"对话框

在该对话框中,可以新建、删除层,定义层的颜色、线型、线宽,确定打开/关闭层,是否冻结层等。图 3.40 所示是"选择线型"对话框。

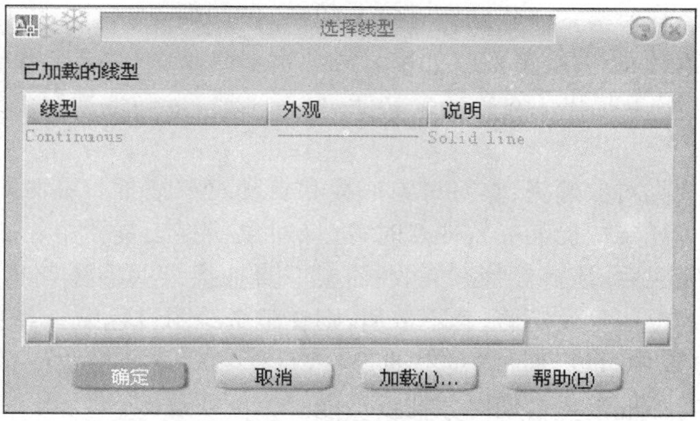

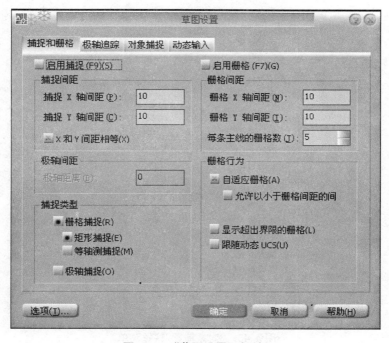

图 3.40　"选择线型"对话框

2）栅格和捕捉

栅格和捕捉都是 AutoCAD 2008 进行对象精确定位的有力工具,捕捉用于设定鼠标光标移动的间距。栅格是一些标定位置的小点,起坐标纸的作用,可以提供直观的距离和位置参照。在 AutoCAD 中,使用捕捉和栅格功能,可以提高绘图效率,实现精确绘图。

选择"工具"|"草图设计"命令或在状态栏"捕捉"或"栅格"图标上点击鼠标右键,再点击"设置",出现"草图设置"对话框,如图 3.41 所示。

图 3.41　"草图设置"对话框

在该对话框中,可以设定是否打开栅格和捕捉,栅格点和捕捉点的 X 轴、Y 轴坐标距离,图中均设置为 10。

3）对象捕捉

在绘图过程中，经常要指定一些已有对象上的点，例如端点、中点、圆心点和 2 个对象的交点等，AutoCAD 中把它们称为特征点。如果只凭观察来拾取，不可能非常准确地找到这些特征点。为此，AutoCAD 2008 提供了对象捕捉功能，可以迅速、准确地捕捉到这些特征点，从而精确地绘制图形 。

AutoCAD 中有 2 类对象捕捉：临时对象捕捉和自动对象捕捉。临时对象捕捉只能作用一次。在绘图的过程中，需要捕捉某一特征点时，选择对象捕捉工具栏中相应对象捕捉图标完成特征点的捕捉，执行完成后，该捕捉状态失效；需要一直捕捉某些特征点时，就要用到自动对象捕捉功能，自动对象捕捉一旦设定后，若不取消，则在整个绘图过程中一直有效。

在 AutoCAD 2008 中，可以通过“对象捕捉”工具栏和对象捕捉快捷菜单完成临时对象捕捉，通过“草图设置”对话框设置自动对象捕捉功能。

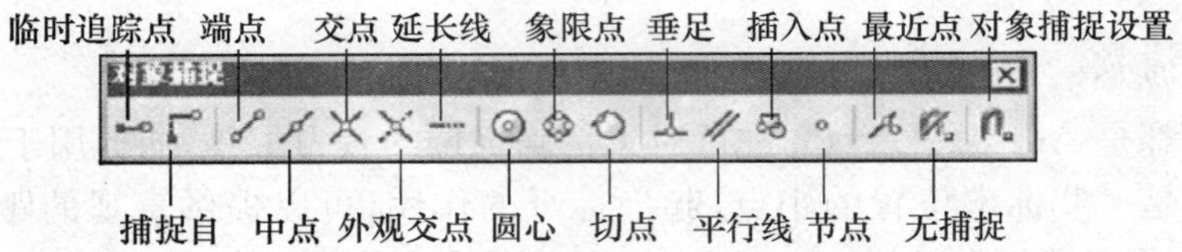

临时追踪点
端点
交点
延长线
象限点
垂足
插入点
最近点
对象捕捉设置
对象捕捉
捕捉自
中点
外观交点
圆心
切点
平行线
节点
无捕捉

图 3.42　“对象捕捉”工具栏

临时追踪点(K)
自(F)
两点之间的中点(T)
点过滤器(T)
.x .X
.y .Y
.z .Z
.xy .XY
.xz .XZ
.yz .YZ
端点(E)
中点(M)
交点(I)
外观交点(A)
延长线(X)
圆心(C)
象限点(Q)
切点(G)
垂足(P)
平行线(L)
节点(D)
插入点(S)
最近点(R)
无(N)
对象捕捉设置(O)...

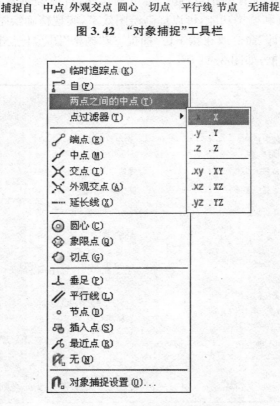

图 3.43　“对象捕捉”快捷菜单

4）绘图步骤

下面以图 3.44 为例介绍如何在 AutoCAD 2008 中绘制三视图，绘图过程见表 3.10。

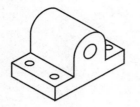 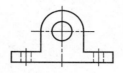 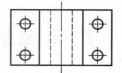

图 3.44 三视图绘制示例

表 3.10 用计算机绘制三视图的步骤

操作步骤	图 例
①运用 Limits 命令设置图纸界限及运用 Layer 命令(本图中建议设置三个层:轮廓线层、中心线层和虚线层)	
②在中心线层中,运用 Line 命令绘制主视图圆的中心线及俯视图中心线,切换到轮廓线层中,运用 Line 命令绘制主视图底边轮廓及俯视图轮廓线	
③在轮廓线层中,运用 Circle 命令绘制主视图大小圆 1、2,运用 Line 命令绘制底座轮廓,确定俯视图两边底座尺寸和内孔尺寸,切换到虚线层中绘制内孔轮廓	
④在轮廓线层中,运用 Circle 命令绘制俯视图中 4 个小孔并确定其在主视图中的位置,切换到虚线层中运用 Circle 命令绘制小孔轮廓,切换到中心线层中,运用 Line 命令绘制小孔中心线	
⑤运用 Trim 命令修剪多余线条,通过主、俯视图确定左视图形状,在轮廓线层中运用 Line 命令绘制各轮廓线,切换到中心线层中绘制小孔轮廓,切换到虚线层中运用 Line 命令绘制大孔轮廓	

4 几何体的投影

基本几何体是指一些最简单的几何立体,立体是由若干个面所围成。根据立体表面的性质不同,基本几何体分为两类:一类是表面全由平面围成,称为平面立体,如棱柱、核锥等;另一类是表面由曲面或曲面与平面围成,称为曲面立体,如面柱、圆锥、圆球等(也称回转体)。上述立体表面形状都很简单,所以又统称为基本体。由若干个基本体经过叠加、切割等方式组合而成的立体称为组合体。

本章将从基本体的投影出发,研究组合体的投影特性、组合体的画图和看图的基本方法,以及组合体的尺寸标注等问题。

4.1 基本体的投影

4.1.1 平面立体的投影

表面为平面多边形的立体,称为平面立体。最基本的平面立体有棱柱、棱锥、棱台等,如图4.1所示。

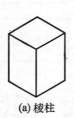 

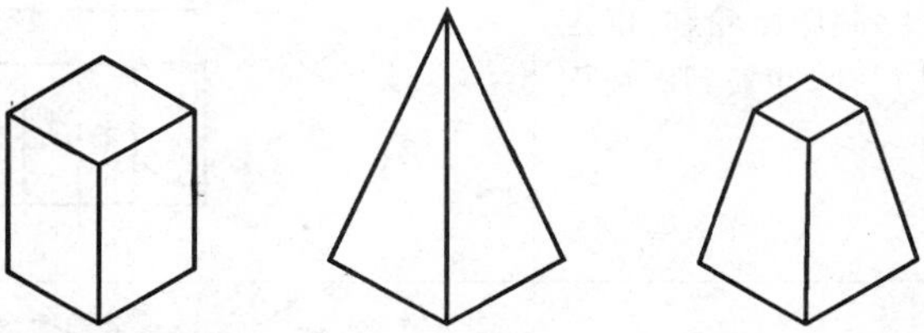

(a) 棱柱　　　　　(b) 棱锥　　　　　(c) 棱台

图4.1 常见的平面立体

1) 棱柱

棱柱的棱线互相平行,底面是多边形。常见的棱柱有三棱柱、四棱柱、五棱柱、六棱柱等。下面以图4.2所示的六棱柱为例,分析棱柱的投影特征和作图方法。

(1) 投影分析

正六棱柱的顶面、底面均为水平面,它们的水平投影反映其正六边形的实形,正面及侧面投影积聚为一直线。棱柱有六个侧棱面,前后棱面为正平面,它们的正面投影反映实形,水平投影及侧面投影积聚为一直线。棱柱的其他四个侧棱面均为铅垂面,水平投影积聚为直线,正面投影和侧面投影为类似形。六个棱面的水平投影积聚为正六边形的六条边。

(2) 作图步骤

①先画出反映六棱柱主要形状特征的投影,即水平投影的正六边形,再画出正面、侧面投影中的底面基线和对称中心线,如图4.2(b)所示。

②按"长对正"的投影关系及六棱柱的高度画出六棱柱的正面投影,按"高平齐、宽相等"的投影关系画出侧面投影,如图4.3(c)、(d)所示。

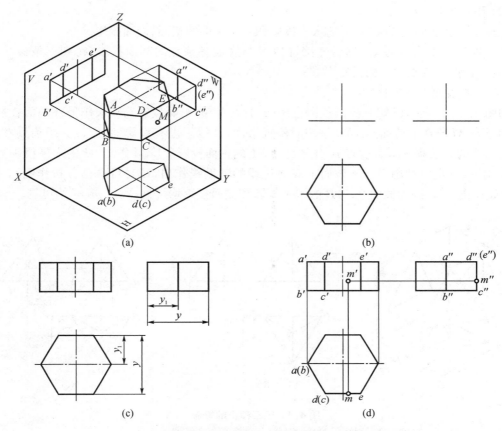

图 4.2　正六棱柱的三面投影的作图步骤及其表面点的投影

　　棱线 AB 为铅垂线,水平投影积聚为一点 $a(b)$,正面投影和侧面投影均反映实长,即 $a'b'=a''b''=AB$;顶面的边 DE 为侧垂线,侧面投影积聚为点 $d''(e'')$,水平投影和正面投影均反映实长,即 $de=d'e'=DE$;底面的边 BC 为水平线,水平投影反映实长,即 $bc=BC$,正面投影 $b'c'$ 和侧面投影 $b''c''$ 均小于实长。其余棱线,可进行类似分析。

　　作棱柱投影图时一般先画出反映棱柱底面实形的投影,即多边形,再根据投影规律作出其余两个投影。各投影间应严格遵守长对正、高平齐、宽相等的投影规律。

　　(3)棱柱表面上点的投影

　　如图 4.2(d)所示,已知六棱柱棱面上点 M 的正面投影 m',求作另外两面投影 m、m''。由于点 M 所在的棱面是正平面,其水平投影积聚成直线,因此,点 M 的水平投影必在该直线上,即可由 m' 直接作出 m。棱面的侧面投影同样积聚为直线,也可由 m' 直接作出 m''。

　　2)棱锥

　　棱锥的棱线交于锥顶。常见的棱锥有三棱锥、四棱锥、五棱锥等。下面以图 4.3 所示的三棱锥为例,分析棱锥的投影特征和作图方法。

　　(1)投影分析

　　正三棱锥的底面 $\triangle ABC$ 为水平面,AB、BC 为水平线,AC 为侧垂线,其水平投影 $\triangle abc$ 反映实形。后棱面 $\triangle SAC$ 为侧垂面,其侧面投影积聚为直线 $s''a''(c'')$。左右两个棱面 $\triangle SAB$、$\triangle SBC$ 为一般位置平面,它们的三面投影均为类似形。棱线 SB 为侧平线,SA、SC 为一般位置直线。

（2）作图步骤

①画出反映底面△ABC实形的水平投影和有积聚性的正面、侧面投影。

②作锥顶S的各面投影，然后连接锥顶S与底面各顶点的同面投影，得到三条棱线的投影，从而得到正三棱锥的三面投影，如图4.3(b)所示。

（3）棱锥表面上点的投影

如图4.3(c)所示，已知三棱锥棱面△SAB上点M的正面投影m′，求作另外两面投影m，m″。由于点M所在的棱面△SAB是一般位置平面，其投影没有积聚性，所以必须借助在该面上作辅助线的方法来求解。过点m′作辅助线SI的正面投影s′1′，并作出SI的水平投影s1，在s1上定出m（m也可利用平行于该面上底面边线的辅助线作出，读者可自己分析作图）。然后由m′、m作出m″。因为棱面△SAB的水平投影和侧面投影均可见，所以m、m″均可见。

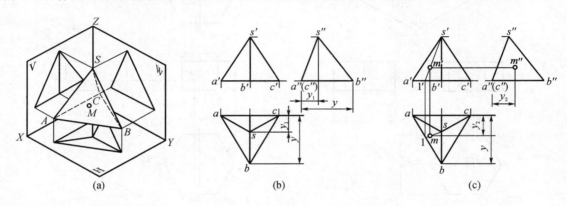

图 4.3　正三棱锥的投影

图4.4列举的是在工程上常见的几种平面体的投影图。

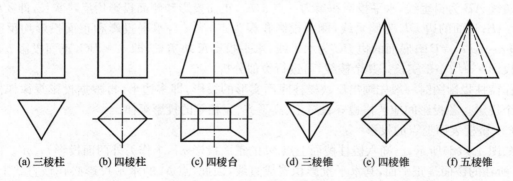

(a) 三棱柱　　(b) 四棱柱　　(c) 四棱台　　(d) 三棱锥　　(e) 四棱锥　　(f) 五棱锥

图 4.4　常见的平面体的两面投影

4.1.2　平面与平面立体相交

1）截交线

立体被平面切割（截切）所形成的形体称为截切体，切割立体的平面称为截平面，截平面与立体表面的交线称为截交线，截交线所围成的截面图形称为截断面或断面，如图4.5(a)所示。截平面可能不止一个，多个截平面切割立体时截平面之间可能有交线，也可能形成切口或挖切出槽口、空洞。图4.5所示为一些由切割形成的平面体。

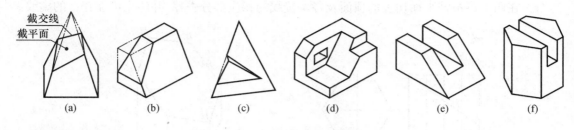

图 4.5 切割形成的立体

从图 4.5(a)所示可以得出:截交线既在截平面上,又在形体表面上。截交线一般具有如下性质:

(1)截交线上的每一点既是截平面上的点,又是形体表面上的点,是截平面与立体表面共有点的集合;

(2)截交线是截平面上的线,截交线是封闭的平面图形。

平面立体的表面都是平面,截平面与它们的交线都是直线,所以整个立体被切割所得到的截交线将是封闭的平面多边形。多边形的各边是截平面与被截表面(棱面、底面)的交线,多边形的各顶点是截平面与被截棱线或底边的交点。因此,求作截平面与平面立体的截交线问题可归结为线面交点问题或面面交线问题。作图时也可以两种方法并用。

2)截切体投影图的绘制方法

(1)几何现象:将形体抽象成基本立体,画出立体切割前的原始形状的投影。

(2)分析截交线的形状:分析有多少表面或棱线、底边参与相交,判别截交线是三角形、矩形还是其他的多边形。

(3)分析截交线的投影特性:根据截平面的空间状态,分析截交线的投影特性,如实形性、积聚性、类似性等。

(4)求截交线的投影:分别求出截平面与各残余相交的表面的交线,或求出截平面与各参与相交的棱线、底边的交点,并连成多边形。

(5)对图形进行修饰:去掉被截掉的棱线,补全原图中未定的图线,并分辨可见性,加深描黑。

【例 4.1】 求正垂面与六棱柱的截交线,并画出六棱柱切割后的三面投影图,如图 4.6 所示。

分析 由图 4.6 可知,截平面与正六棱柱的截交线为六边形。六边形的顶点为六棱柱的六条棱线与截平面的交点。由于截平面是正垂面,故截交线的正面投影积聚为一直线。截交线的各边都在各棱面上,所以其水平投影与各棱面的水平投影重合,即为正六边形。在侧面投影中,只需找出截交线各个顶点的侧面投影,然后顺序连接各顶点即可得到截交线的侧面投影。由于截交线各边的侧面投影均可见,故截交线的侧面投影可见。

作图(见图 4.6(c)、(d)):

(1)画出完整六棱柱的侧面投影图;

(2)因截平面为正垂面,六棱柱的六条棱线与截平面的交点的正面投影可直接求出;

(3)六棱柱的水平投影有积聚性,各棱线与截平面的交点的水平投影也可直接求出;

(4)根据直线上点的投影性质,在六棱柱的侧面投影上,求出相应点的侧面投影;

(5)将各点的侧面投影依次连接起来,即得到截交线的侧面投影,并判断其可见性;

（6）在图上将被截平面切去的顶面及各条棱线的相应部分去掉，并注意可能存在的虚线。

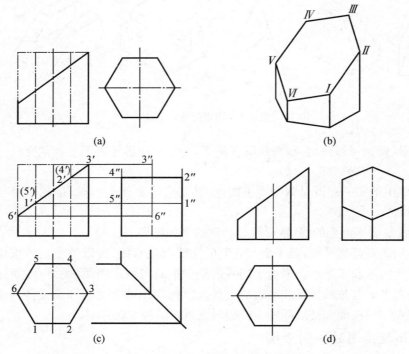

图 4.6　求正六棱柱截切后的投影图

【例 4.2】　求正垂面与四棱锥的截交线，并画出其被切割后的投影图，如图 4.7 所示。

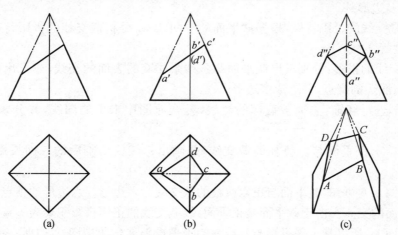

图 4.7　求截切后的四棱锥的投影图

分析　由图 4.7（c）可知，截平面与四棱锥的截交线为四边形，四边形的四个顶点为四棱锥的四条棱线与截平面的交点；由于截平面是正垂面，故截交线的正面投影积聚为一直线段，而水平投影和侧面投影则为四边形（类似形）。

作图（见图 4.7）：

（1）画出完整的四棱锥被截切前的侧面投影；

（2）因截平面为正垂面，可直接求出四棱锥的四条棱线与截平面的交点的正面投影 a'、b'、c'、d'；

（3）根据点在直线上的投影性质，求出相应点的水平投影 a、b、c、d 和侧面投影 a''、b''、c''、d''；

（4）将各点的同面投影依次连接起来，即得到截交线的投影；

（5）在图上将被截平面切去的各条棱线的相应部分去掉，在各投影上将剩余部分按可见性补齐、描深。

【例 4.3】 求缺口三棱锥的水平投影及侧面投影，如图 4.8 所示。

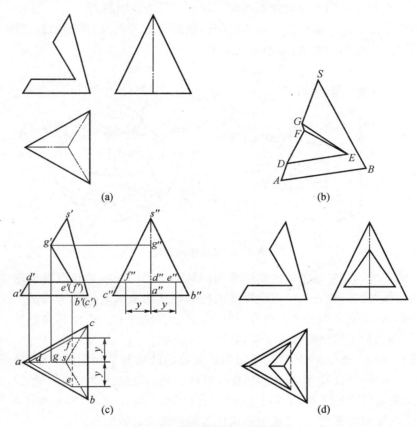

图 4.8 求缺口三棱锥的投影图

分析 三棱锥所形成的缺口是由一个水平面和一个正垂面切割三棱锥而形成的，由于水平面和正垂面的正面投影有积聚性，故截交线的正面投影已知。因为水平截面平行于底面，所以它与前棱面的交线 DE 必平行于底边 AB，与后棱面的交线 DF 必平行于底边 AC。正垂面分别与前、后棱面相交于直线 GE、GF。由于 2 个截平面都垂直于正面，所以它们的交线 EF 一定是正垂线。画出这些交线的投影，也就画出了这个缺口的投影。

作图（见图 3.8（c）、（d））：

（1）因为两个截平面都垂直于正面，所以 $d'e'$、$d'f'$ 和 $g'e'$、$g'f'$ 都分别重合在它们的有积聚性的正面投影上，$e'f'$ 是两个截平面的交线 EF 的正面投影；

（2）根据点在直线上的投影特性，由 d' 在 sa 上作出 d；由 d 作 de // ab、df // ac，再分别由 e'、f' 在 de、df 上作出 e、f；由 $d'e'$、de 和 $d'f'$、df 作出 $d''e''$、$d''f''$，都重合在水平截面的积聚成直线的侧面投影上；

（3）由 g' 分别在 sa、$s''a''$ 上作出 g、g''，并分别与 e、f 和 e''、f'' 连成 ge、gf 和 $g''e''$、$g''f''$；

（4）连接 e、f，由于 ef 被三个棱面 SAB、SBC、SCA 的水平投影所遮而不可见，画成虚线；$e''f''$ 则重合在水平截面的积聚成直线的侧面投影上；

（5）加粗实际存在的左棱线的 SG、DA 段的水平和侧面投影。

4.1.3　曲面立体的投影

曲面立体的表面是曲面或曲面与平面。常用的曲面立体有圆柱、圆锥、圆球、圆环等。

曲面可分为规则曲面和不规则曲面两种。本书只讨论规则曲面。

规则曲面可看做是由一条线按一定的规律运动所形成的轨迹，该运动的线称为母线，而母线在曲面上的任一位置称为素线，如图 4.9 所示。

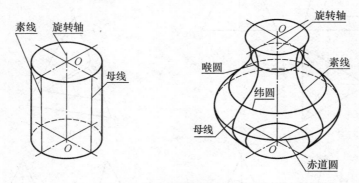

图 4.9　回转面的形成

母线绕一固定的轴线旋转生成的曲面称为回转面。回转面的形状取决于母线的形状及母线与轴线的相对位置。母线上任一点绕轴线回转一周所形成的轨迹称为纬圆。纬圆的半径是该点到轴线的距离，纬圆所在的平面垂直于轴线，圆心在轴线上。比相邻两侧都大的纬圆称为赤道圆，比相邻两侧都小的纬圆称为喉圆，如图 4.9 所示。

上述的圆柱、圆锥、圆球、圆环等都是由回转面或回转面与平面围成的，都属于回转体。作回转体的投影主要是画出回转面投影的转向轮廓线。转向轮廓线是曲面的最大外围轮廓线，在投影图中，也是曲面的可见投影与不可见投影的分界线。需注意，回转面在正面投影、水平投影、侧面投影中的转向轮廓线，是曲面上不同位置的曲线或直线的投影。

下面分别介绍常用回转体的形成、投影特点和在它们表面上取点的方法。

1）圆柱体

圆柱体的表面是圆柱面和顶面、底面。

圆柱面是由一条直母线，绕与它平行的轴线旋转而形成，如图 4.9(a) 所示。圆柱面上的素线都是平行于轴线的直线。

图 4.10 表示一直立圆柱的立体图和它的三面投影。圆柱的顶面、底面是水平面，所以水平投影反映圆的实形，即投影为圆。其正面投影和侧面投影积聚为直线，直线的长度等于圆的直径。由于圆柱的轴线垂直于水平面，圆柱面的所有素线都垂直于水平面，故其水平投影积聚为圆，与上下底面的圆的投影重合。

在圆柱的正面投影中，前、后两个半圆柱面的投影重合为一矩形，矩形的两条竖线分别是圆柱最左、最右素线的投影，也就是圆柱前后分界的转向线的投影。在圆柱的侧面投影中，左右两个半圆柱面重合为一矩形，矩形的两条竖线分别是最前、最后素线的投影，也就是圆柱左右分界的转向线的投影。

需要注意,在画圆柱及其他回转体的投影图时一定要用点画线画出轴线的投影,在反映圆形的投影上还需用点画线画出圆的中心线。

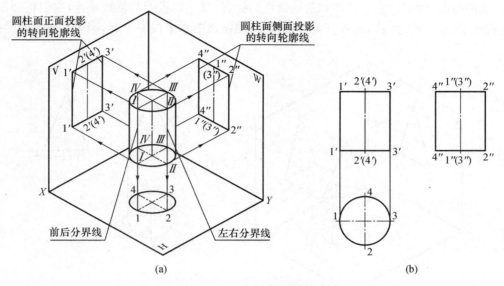

图 4.10 圆柱的投影

图 4.11 所示为圆筒的投影图。圆筒可以看成是圆柱体上同轴开了一个圆孔形成的,圆孔即圆筒的内表面,也是一个圆柱面,它的表示方法与圆筒外表面相同,仅因它在物体内部,相关投影上的外形线为不可见,故画成虚线。

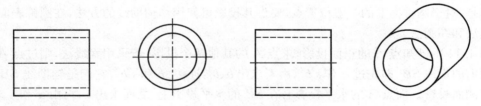

图 4.11 圆筒的投影

在图 4.12 中,圆柱面上有点 m 和 n,已知其正面投影 m' 和 n',且为可见,求另外两个投影。由于点 n 在圆柱的转向轮廓线上,其另外两个投影可直接根据线上取点的方式求出。而点 m 可利用圆柱面有积聚性的投影,先求出点 m 的水平投影 m,再由 m 和 m' 求出 m''。点 m 在圆柱面的右半部分,其侧面投影 m'' 为不可见。

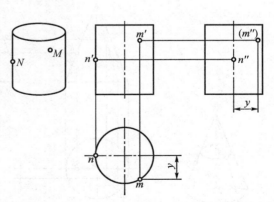

图 4.12 圆柱面上取点

2)圆锥体

圆锥体的表面是圆锥面和底面。

圆锥面是由一条直母线,绕与它相交的轴线旋转而形成。在圆锥面上任意位置的素线,均交于锥顶。圆锥面上的纬圆从锥顶到底面直径越来越大,底边是圆锥面上直径最大的纬圆。

图 4.13 表示一直立圆锥,其正面和侧面投影为同样大小的等腰三角形。正面投影的等腰

三角形的两个腰是圆锥的最左和最右转向线的投影,其侧面投影与轴线重合,它们将圆锥面分为前、后两半,水平投影与圆的水平对称线重合;侧面投影的等腰三角形的两个腰是圆锥面对侧面转向线的投影,即圆锥面上最前和最后素线的投影,其正面投影与轴线重合,它们将圆锥面分为左、右两半,水平投影与圆的垂直对称线重合;圆锥面的水平投影为圆,圆周是底面圆的投影。

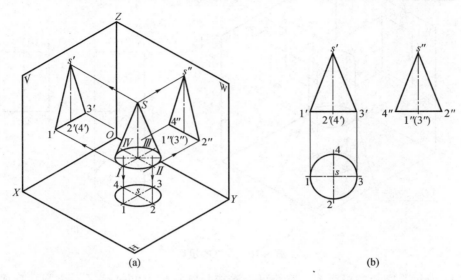

图 4.13　圆锥的投影

　　圆锥表面取点,首先是转向线上的点,由于位置特殊,它的作图较为简便。图 4.14 中,在最右的转向线上有一点 K,只要已知其一个投影(如已知 k′),另外两个投影(k、k″)即可直接求出。

　　但是,对于圆锥面上的一般位置点,要作其投影可使用作辅助线的方法,在圆锥表面一般采用素线法和纬圆法。

　　图 4.14 中已知点 A 的正面投影,求点 A 的其他两个投影,若采用素线法,则过点 A 和点 S 作锥面上的素线 SB,即先过 a′ 作 s′b′,由 b′ 求出 b、b″,连接 sb 和 s″b″,它们是辅助线 SB 的水平投影及侧面投影。而点 A 的水平投影必在 SB 的水平投影上,从而求出 a,再由 a′ 和 a 求得 a″。

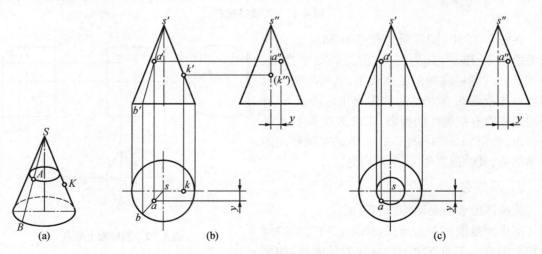

图 4.14　圆锥面上取点

　　若采用纬圆法,则过点 A 在锥面上作一水平辅助纬圆,纬圆与圆锥的轴线垂直。该纬圆在正面及侧面投影中积聚为直线,直线长度即为纬圆直径,水平投影反映纬圆的实形。点 A 的投影必在纬圆的同面投影上。先过 a' 作垂直于轴线的直线,得到纬圆的直径;画出纬圆的水平投影,由 a' 找出 a,注意点 A 的正面投影可见,所以其应在圆锥的前半部分,即 a 为过 a' 作竖直线与纬圆水平投影两个交点中前面的一个;再内 a'、a 求出 a'',因点 A 在圆锥面的左半部,所以 a'' 为可见。

3)圆球体

圆球体的表面是圆球面。

圆球面是一圆母线绕其直径旋转一周形成的。如图 4.15(a)所示,圆球的三个投影是圆球上平行相应投影面的三个不同位置的转向轮廓圆。正面投影的轮廓圆是前、后两个半球面的可见与不可见的分界线的投影,如图 4.15(b)中的 A;水平投影的轮廓圆是上、下两个半球面的可见与不可见的分界线的投影,如图 4.15(b)中的 B;侧面投影的轮廓圆是左、右两个半球面的可见与不可见的分界线的投影,如图 4.15(b)中的 C。还应注意分析这三条分界线的其余两个投影。

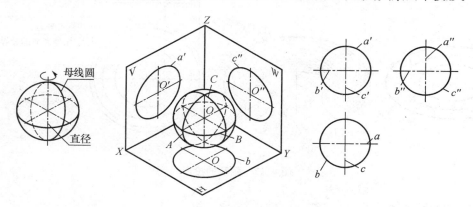

图 4.15 圆球的投影

如图 4.16 所示,若已知圆球面上的点 A、B、C 的正面投影 a'、b'、c',要求各点的其他投影。点 A、B 均为处于转向轮廓线上的特殊位置点,可直接求出其另外两个投影。因 a' 可见,且在正面的转向轮廓圆上,故其水平投影 a 在水平对称线上,侧面投影 a'' 在竖直对称线上;b' 为不可见,且在水平对称线上,故点 B 在水平面的转向轮廓圆的后半部,可由 b' 先求出 b,最后求出 b'';由于点 B 在侧面转向轮廓圆的右半部,故 b'' 不可见。而 C 在圆球面上处于

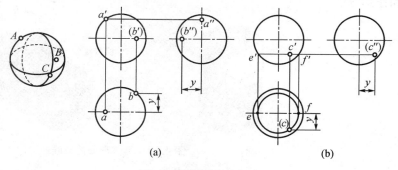

(a)   (b)

图 4.16 圆球面上取点

一般位置,故需作辅助线。在圆球面上作辅助线,只能采用作平行纬圆的方法。可过 c' 作垂直于圆球面竖直轴线的直线(其实质是过点 C 的水平纬圆的正面投影),与球的正面投影圆相交于 e'、f',以 $e'f'$ 为直径在水平投影上作圆,则点 C 的水平投影 c 必在此纬圆上,由 c、c' 可求出 c'';因为 C 在球的右下方,故其水平及侧面投影 c、c'' 均为不可见。也可过点 C 作平行于正面或侧面的平行纬圆来找点 C 的投影,建议读者尝试着做一下。

4）圆环体

圆环体的表面是圆环面。

圆环面是由一圆母线，绕与它共面、但不过圆心的轴线旋转形成的。

图 4.17 所示为一个轴线垂直于水平面的圆环的两面投影。外半圆形成外环面，内半圆形成内环面。正面投影中外环面的转向轮廓线半圆为实线，内环面的转向轮廓线半圆为虚线，上、下两条水平线是内、外环面分界圆的投影，也是圆母线上最高点和最低点的纬线的投影，图中的细点画线表示轴线。水平投影中最大实线圆为母线圆最外点的纬线的投影，最小实线圆为母线圆最内点的纬线的投影，点画线圆表示母线圆心的轨迹。

在圆环面上作点，使用纬圆法，图 4.17(b)所示为根据环面上点 K 的正面投影 k' 求水平投影 k 的作图方法。

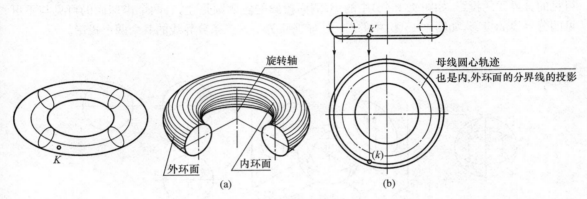

图 4.17　圆环的投影

4.1.4　曲面立体表面的交线

在工程机件中，被平面截切的曲面立体，彼此相交的曲面立体是比较多见的。如图 4.18 所示。为了表达清楚机件的形状，图样上必须画出机件表面的交线，本节将介绍这些交线的性质和作图方法。

图 4.18　形体表面的交线

1）平面与回转体相交

当平面与回转体相交时，所得的截交线是闭合的平面图形，截交线的形状取决于回转面的形状和截平面与回转面轴线的相对位置，一般为平面曲线，如曲线与直线围成的平面图形、椭圆、三角形、矩形等，但当截平面与回转面的轴线垂直时，任何回转面的截交线都是圆。

（1）求回转面截交线投影的一般步骤

①分析截平面与回转体的相对位置，了解截交线的形状；

②分析截平面与投影面的相对位置,以便充分利用投影特性,如积聚性、实形性;

③当截交线的形状为非圆曲线时,应求出一系列共有点,先求出特殊点(极限位置点、转向线上的点等),再求一般点,对回转体表面上的一般点则采用辅助线的方法求得,然后光滑连接共有点,求得截交线投影。

(2) 平面与圆柱体的截交线

当平面与圆柱体的轴线平行、垂直、倾斜时,所产生的交线分别是矩形、圆、椭圆。如表 4.1 所示。

表 4.1　平面与圆柱体的三种截交线

截平面的位置	平行于轴线	垂直于轴线	倾斜于轴线
截交线的形状	矩　形	圆	椭　圆
立体图			
投影图			

下面举例说明平面与圆柱面的交线投影的作图方法与步骤。

【例 4.4】　求作圆柱与正垂面 P 的截交线,如图 4.19(a)所示。

分析　由图 4.19(a)可知,该立体可以看成用正垂面 P 从圆柱上部切去一块后形成的,截平面 P 倾斜于轴线,截交线是椭圆。由于截平面 P 垂直于 V 面,所以截交线的正面投影重合在平面 P 的正面投影上,是直线段。因为圆柱面的水平投影积聚为圆,则截交线的水平投影一定重合在该圆周上。截交线的侧面投影是椭圆,需求出特殊点和一系列的共有点,光滑连线画出。

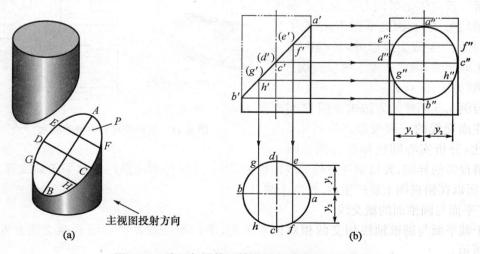

图 4.19　平面与圆柱面轴线斜交时截交线的画法

作图（见 4.19 (b)）：

①作特殊点：A、B、C、D 是转向线上的点，由正面投影 a'、b'、$c'(d')$ 和水平投影可作出它们的侧面投影 a''、b''、c''、d''，其中点 A 是最高点，点 B 是最低点。根据对圆柱截交线椭圆的长、短轴分析，可以看出垂直于正面的椭圆直径 CD 等于圆柱直径，是短轴，而与它垂直的直径 AB 是椭圆的长轴，长、短轴的侧面投影 $a''b''$、$c''d''$ 仍应互相垂直。

②作一般点：在正面投影上取 $f'(e')$、$h'(g')$ 点，其水平投影 f、e、h、g 在圆柱面的积聚圆周上，由此，可求出侧面投影 f''、e''、h''、g''。取点的多少可根据作图准确程度的要求而定。

③依次光滑连接 a''、e''、d''、g''、b''、h''、c''、f''、a''，即得截交线的侧面投影椭圆。

【例 4.5】　画出图 4.20(a)所示实心圆柱开槽的三面投影。

分析　由图可知，该立体是在圆柱体左端切割了方槽，上下对称。构成方槽的平面为垂直于轴线的侧平面 P 和两个平行于轴线的水平面 Q。这些平面与圆柱的表面都有交线，由于平面 P 与轴线垂直，其与圆柱面交线的正面、水平面投影积聚为直线，侧面投影为圆弧段。平面 Q 为水平面，它与圆柱表面交线为素线，其正面投影积聚在两个平面 Q 的正面投影上，而侧面投影积聚为点，水平投影为直线段。

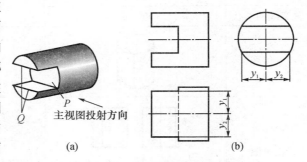

图 4.20　实心圆柱开方槽

作图（见图 4.20 (b)）：

根据分析，在画出完整圆柱的三视图后，先画反映方槽形状特征的正面投影，再作方槽的侧面投影，然后由正面投影和侧面投影作出水平投影。这里要注意的是圆柱面对水平面的转向轮廓线，在方槽范围的一段已被切去，故其水平投影的外形轮廓中有一段由截交线的水平投影表示。

【例 4.6】　画出图 4.21(a)所示空心圆柱开槽的三面投影。

分析　该立体是带同心孔的空心圆柱开方槽后形成的，因此平面 P、Q 除了与外圆柱面产生截交线以外，还与内圆柱面产生截交线，因此产生了两层交线。

作图（见 4.21 (b)）：

用与例 4.5 同样的方法求平面 P、Q 与内圆柱面交线的三面投影。与例 4.5 仔细对比，分析实心圆柱和带孔同心圆

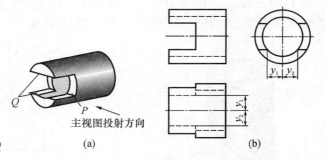

图 4.21　空心圆柱开方槽的画法

柱上方槽投影的异同，要特别注意轮廓线的投影，由于外圆柱和内圆柱的水平轮廓线有一段被切掉了，所以在俯视图上就产生内、外两个缺口。

（3）平面与圆锥面的截交线

由于截平面与圆锥轴线相交的相对位置不同，平面截切圆锥所形成的截交线有五种，如表 4.2 所示。

表 4.2　平面与圆锥体的截交线

截平面的位置	过锥顶	不过锥顶			
		$\theta=90°$	$\theta>\alpha$	$\theta=\alpha$	$0\leqslant\theta<\alpha$
截交线的形状	等腰三角形	圆	椭圆	抛物线加直线段	双曲线加直线段
立体图					
投影图					

这五种情况中,除截交线为圆或三角形时其投影可直接求得外,其余三种截交线则要分别求出特殊点和一般点,并按曲线性质光滑连接各点,即得截交线的投影。

【例 4.7】　求作平行于圆锥轴线的平面与圆锥的截交线,如图 4.22(a)所示。

分析　从图中可知截平面 P 是平行于轴线的侧平面,它与圆锥面的交线为双曲线,与圆锥底面的交线为直线段。由于截平面的正面投影和水平投影有积聚性,故截交线的正面投影和水平投影都重合在截平面 P 的同面投影上,而侧面投影反映截交线的实形。

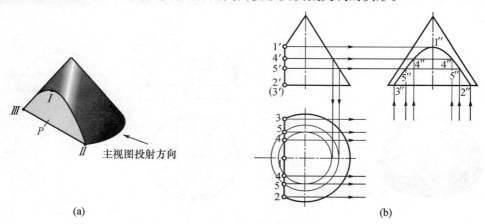

(a)　　　　　　　　　　　　　　　　　　(b)

图 4.22　平面与圆锥交线的画法

作图(见图 4.22(b)):

①作特殊点 I、II、III。点 I 是双曲线的顶点,在圆锥面对正面的转向线上,用线上取点的方法由 1′ 可以直接求得 1、1″;点 II、III 为双曲线的端点,在圆锥底圆上,2″、3″可直接由 2、3 求得。这三点也分别是截交线的最高点、最低点。

②作一般点。从双曲线的正面投影入手,利用圆锥面上取点的方法作图。图中示出了一般点 IV、V 的作图过程,利用辅助纬圆求得点 IV、V 的水平投影 4、5 及其对称点的投影,再作出点 IV、V 的侧面投影 4″、5″以及对称点的侧面投影。

③依次连接各点的侧面投影,完成截交线的投影。

（4）平面与圆球的截交线

平面与圆球的截交线均为圆,如图 4.23（b）所示。当截平面平行投影面时,截交线在该投影面上的投影反映真实大小的圆,而另外 2 个投影则分别积聚成直线,如图 4.23（a）所示。

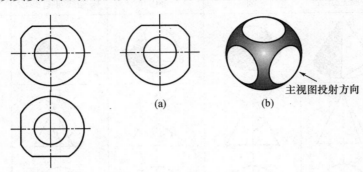

图 4.23 平面与球面的交线

【例 4.8】 画出如图 4.24（a）所示立体的三面投影。

分析 两侧面 P 与球面的交线均为圆弧段,其侧面投影反映实形,水平面 Q 与球面的交线为前后两个水平圆弧段,水平投影反映圆弧段的实形。

作图（见图 4.24（b））：

①作两侧平面 P 与半球的截交线。其水平投影和正面投影积聚为直线,侧面投影反映截交线的实形,圆弧半径为 r_2。

②作起子槽底面 Q 与半球的截交线。其正面投影和侧面投影积聚为直线,水平投影反映两段圆弧的实形,半径为 r_1,侧面投影中 Q 面以上的转向轮廓线被切掉,外形轮廓由截交线的投影表示。

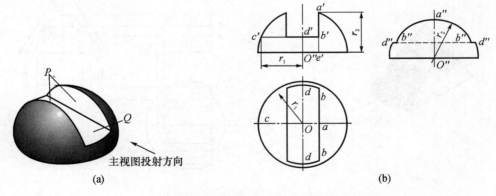

图 4.24 圆头螺钉头部起子槽的画法

（5）复合回转体表面的截交线

为了正确画出符合回转体表面的截交线,首先要进行形体分析,弄清是由哪些基本体组成,平面截切了哪些立体,是如何截切的。然后逐个作出每个立体上所产生的截交线。

【例 4.9】 完成图 4.25（a）所示复合回转体的三面投影。

分析 该立体由同轴的圆锥、大圆柱、小圆柱组成,被平行于轴线的平面 P 和倾斜平面 Q 所截切。平面 P 与圆锥面的交线为双曲线,与圆柱面的交线为两条直线;平面 Q 与圆柱面的交线为椭圆弧段。

作图(见图 4.25 (b)):

①求作平面 P 产生的截交线。由于其正面投影和侧面投影有积聚性,故只需求出水平投影。首先找出圆锥与圆柱的分界线,从正面投影可知分界点即为 $1'$、$2'$,侧面投影为 $1''$、$2''$,不难得出 1、2。分界点左边为双曲线,右边为直线,可由 $1'$、$6'$;$2'$、$7'$ 和 $1''$、$6''$;$2''$、$7''$ 求出 1,6;2,7。

②平面 Q 与圆柱面的交线正面投影积聚为直线,侧面投影积聚为圆弧段,水平投影为椭圆曲线,可根据面上取点的方法求出。

③求出平面 P 和平面 Q 的交线 VIII。

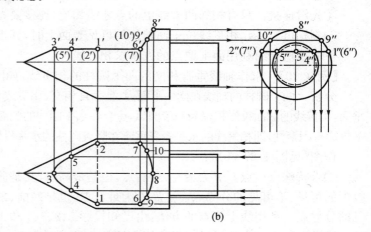

(a)   (b)

图 4.25 复合回转体截交线的画法

2) 两个回转体表面相交

两个回转体相交,表面产生的交线称为相贯线,如图 4.26 所示。当两个回转体相交时,相贯线的形状取决于回转体的形状、大小以及轴线的相对位置。

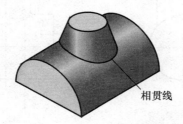

图 4.26 相贯线的概念

相贯线的性质:

(1) 相贯线是两个立体表面的共有线,是两个立体表面共有点的集合。

(2) 相贯线是两个相交立体表面的分界线。

(3) 一般情况下,相贯线是封闭的空间曲线,特殊情况下,可能不封闭或是平面曲线。

根据上述性质可知,求相贯线就是求两个回转体表面的共有点,将这些点光滑地连接起来,即得相贯线。

求相贯线的常用方法:

(1) 利用面上取点的方法求相贯线。

(2) 利用辅助平面法求相贯线,它是利用三面共点原理求出共有点。

本节只介绍利用面上取点的方法求相贯线。当相交的两个回转体中,只要有一个是圆柱且其轴线垂直于某投影面时,圆柱面在这个投影面上的投影具有积聚性,因此,相贯线在这个投影面上的投影就是已知的。这时,根据相贯线共有线的性质,利用面上取点的方法按以下作图步骤可求得相贯线的其余投影:

①首先分析圆柱面的轴线与投影面的垂直情况,找出圆柱面积聚性投影。

②作特殊点。特殊点一般是相贯线上处于极端位置(最高、最低、最前、最后、最左、最右)的点,通常是曲面转向线上的点,求出相贯线上特殊点,便于确定相贯线的范围和变化趋势。

③作一般点。为准确作图,需要在特殊点之间插入若干一般点。

④光滑连接。只有相邻两素线上的点才能相连,连接要光滑,注意轮廓线要到位。

⑤判别可见性。相贯线位于回转体的可见表面上时,其投影才是可见的。

下面举例介绍利用面上取点的方法求相贯线。

【例 4.10】　求作轴线垂直相交的两个圆柱的相贯线,如图 4.27(a)所示。

分析　两个圆柱的轴线在同一平面内,且垂直相交,相贯线为一空间曲线。因水平圆柱面是侧垂面,相贯线的侧面投影积聚为一段圆弧,重合在水平圆柱的侧面投影上;竖直圆柱面为铅垂面,其水平投影有积聚性,即相贯线的水平投影重合在竖直圆柱的水平投影上,因此,只需求其正面投影。

作图(见图 4.27(b)):

①求特殊点。点 I、II 为最左、最右点,也是最高点,又是前、后两个半圆柱的分界点,是正面投影的可见、不可见的分界点。点 III、IV 为最低点,也是最前、最后点,又是侧面投影上可见、不可见的分界点。利用线上取点的方法,由已知投影 1、2、3、4 和 1″、2″、3″、4″求得 1′、2′、3′、4′。

②求一般点。由相贯线水平投影直接取 5、6、7、8 求出它们的侧面投影 5″(7″)、6″(8″),再由水平投影、侧面投影求出正面投影 5′(6′)、7′(8′)。

③光滑连接各点,判别可见性。相贯线前后对称,后半部与前半部重合,依次光滑连接 1′、5′、3′、7′、2′,即为所求。

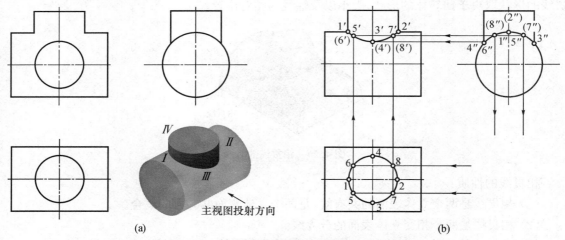

图 4.27　轴线互相垂直的两个圆柱面的画法

(3) 轴线垂直相交的两个圆柱的三种基本形式

三种基本形式是:两个外圆柱面相交;外圆柱面与内圆柱面相交;两个内圆柱面相交。如图 4.28 所示。

当两个圆柱相贯时,两个圆柱面的直径变化时对相贯线空间形状和投影形状变化的影响如表 4.3 所示。这里要特别指出的是,当轴线相交的两个圆柱面公切于一个球面时(两个圆柱面直径相等),相贯线是平曲曲线——椭圆,且椭圆所在的平面垂直于两条轴线所决定的平面。

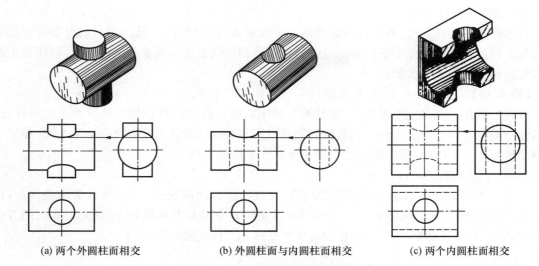

(a) 两个外圆柱面相交   (b) 外圆柱面与内圆柱面相交   (c) 两个内圆柱面相交

图 4.28   两个圆柱面相交的三种基本形式

表 4.3   轴线垂直相交的两个圆柱直径相对变化时对相贯线的影响

两个圆柱直径的关系	水平圆柱较大	两个圆柱直径相等	水平圆柱较小
相贯线的特点	上、下两条空间曲线	两个互相垂直的椭圆	左、右两条空间曲线
投影图			

相交的两个圆柱面轴线的相对位置变化时对相贯线的影响如表 4.4 所示。

表 4.4   相交的两个圆柱轴线相对位置变化时对相贯线的影响

两个圆柱面轴线垂直相交	两个圆柱面轴线垂直交叉		两个圆柱面轴线平行
	全贯	互贯	

（4）圆锥与圆柱相贯

当圆锥与圆柱相贯时,若圆柱的轴线垂直于投影面,则圆柱在该投影面上的投影具有积聚性,因此,相贯线的这个投影是已知的,这时,可以把相贯线看成一圆锥面上的曲线,利用面上取点法作出相贯线的其余投影。

【例 4.11】 求如图 4.29(a)所示圆柱与圆锥相贯的交线。

分析 圆柱与圆锥轴线正交,其相贯线为封闭的空间曲线,前后对称,从所给出的条件,已知圆柱的轴线垂直于侧面,因此,相贯线的侧面投影与圆柱面的侧面投影重合为一个圆,相贯线的侧面投影是已知的,只需求出相贯线的正面和水平投影。

作图(见图 4.29（b）):

①求特殊点。点 I、II、III、IV 是圆柱四条转向线与圆锥面的交点,I、II 为最低和最高点,用面上取点的方法由 $1''$、$2''$ 直接求得 $1'$、$2'$ 和 1、2。点 III、IV 为最前点和最后点,用面上取点的方法作辅助纬圆,由侧面投影 $3''$、$4''$ 求出它们的水平投影 3、4 和正面投影 $3'$、$4'$。

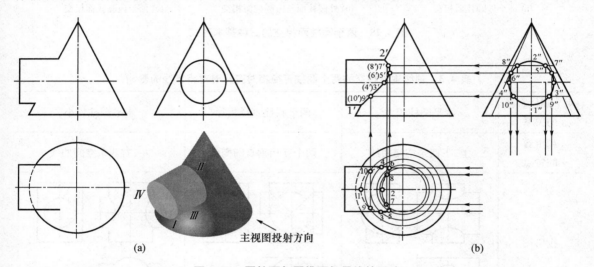

图 4.29　圆柱面与圆锥面相贯线的画法

②作一般点。在侧面投影中,过锥顶作圆柱投影圆的切线,分别得切点 $5''$、$6''$,用纬圆法可求出其正面、水平投影。从侧面投影入手,通过辅助纬圆作出点 VII、VIII 的正面和水平投影。

③光滑连接各点,判别可见性。相贯线前后对称,后半部分与前半部分重合,正面投影只画出前半部分相贯线的投影。水平投影中 3、5、7、2、8、6、4 为可见,用粗实线光滑连接,9、1、10 不可见,用虚线光滑连接起来。

（5）相贯线的特殊情况

当相交的两个回转体具有公共轴线时,如图 4.30 所示,相贯线为圆,在与轴线平行的投影面上相贯线的投影为一直线段,在与轴线垂直的投影面上的投影为圆的实形。

当圆柱与圆柱相交时,若两个圆柱面轴线平行其相贯线为直线,如图 4.30 所示。

（6）截交、相贯综合举例

有些形体的表面交线比较复杂,有时既有相贯线,又有截交线。画这种形体的视图时,必须注意形体分析,找出存在相交关系的表面,应用前面有关截交线和相贯线的作图知识,逐一作出各条交线的投影。

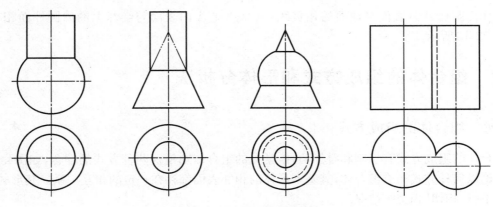

图 4.30 相贯线的特殊情况

【例 4.12】 完成如图 4.31 所示形体的三视图。

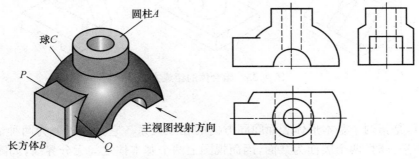

圆柱A
球C
P
长方体B
Q
主视图投射方向

图 4.31 复合体表面综合相交

分析

①形体分析：由图可知该复合体前后对称，由带孔的圆柱 A 和长方体 B 以及前后被正平面截切、底面挖取半圆柱的半圆球 C 组成，圆柱 A 和半圆球 C 同轴线。

②交线分析：立方体顶面 P 与两侧面 Q 均和球面相交，交线为圆弧；球面被前、后两个平面截切在球面上产生的交线为圆弧；带孔圆柱 A 其外表面与球面相贯，其相贯线是圆，圆柱 A 的内表面与半球上的内圆柱面相贯，其相贯线是空间曲线。

作图：

①作出长方体顶面和侧面与球面的交线以及半球被前后两个正平面截切的交线。如图 4.32(a) 所示。

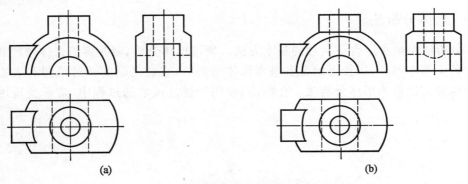

(a)   (b)

图 4.32 复合体表面综合相交作图举例

②作出圆柱 A 外表面与球面的相贯线,以及圆柱 A 内表面与半球上的内圆柱面相贯线。如图 4.32(b)所示。

4.2 组合体的组成方式和形体分析法

4.2.1 组合体的组成方式

组合体的组成方式有切割和叠加两种,常见的组合体则是这两种方式的综合,如图4.33 所示。无论以何种方式构成组合体,其基本形体的相邻表面都存在一定的相互关系。其形式一般可分为平行、相切、相交等情况。

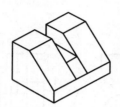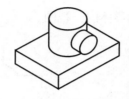

图 4.33　组合体的组成方式

1) 平行

所谓平行,是指两个基本形体表面间同方向的相互关系。它又可以分为两种情况:当两个基本体的表面平齐时,两个表面为共面,因而视图上两个基本体之间无分界线,如图 4.34(a)所示;如果两个基本体的表面不平齐时,则必须画出它们的分界线,如图 4.34(b)所示。

2) 相切

当两个基本形体的表面相切时,两个表面在相切处光滑过渡,不应画出切线,如图 4.34(c)所示。

当两个曲面相切时,则要看两个曲面的公切面是否垂直于投影面。如果公切面垂直于投影面,则在该投影面上相切处要画线,否则不画线,如图 4.34(d)所示。

3) 相交

当两个基本形体的表面相交时,相交处会产生不同形式的交线,在视图中应画出这些交线的投影,如图 4.34(e)所示。

4.2.2 形体分析法

形体分析法是解决组合体问题的基本方法。所谓形体分析,就是将组合体按照其组成方式分解为若干基本形体,以便弄清楚各基本形体的形状、它们之间的相对位置和表面间的相互关系。这种方法称为形体分析法。在画图、读图和标注尺寸的过程中,常常要运用形体分析法。

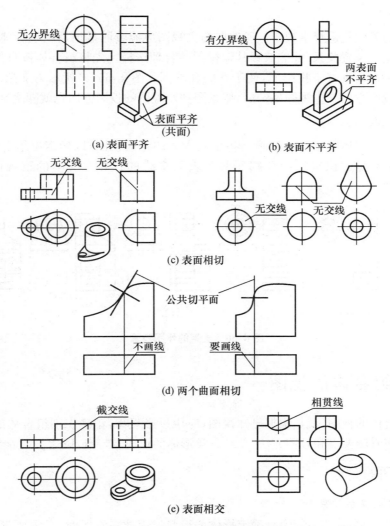

图 4.34 组合体相邻表面相互关系

4.3 组合体三视图的画法

画组合体的视图时,通常先对组合体进行形体分析,选择最能反映其形体特征的方向作为主视图的投影方向,再确定其余视图,然后按投影关系画出组合体的视图。

1) 形体分析

支架由圆筒、支承板、加强肋以及底板组成,如图 4.35(b) 所示。任选一个部分为基准,决定其他部分相对于它的位置关系。如以底板为基准,判别圆筒、支承板和加强肋相对于底板的上下、左右和前后的相对位置和表面连接关系,这是在画组合体三视图时,确定各个组成部分投影的位置的重要依据。

 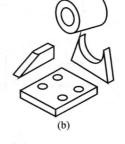

(a)　　　　　　　(b)

图 4.35 支架

2）视图选择

选择视图的关键是选择主视图。所选取的主视图应能较明显地反映组合体的形状特征与基本体之间的相互位置关系,并能兼顾其他视图的合理选择。先将组合体按自然位置放稳,并使其主要表面平行或垂直于投影面,便于看图和画图。图 4.35(a)所示为支架的安放位置,A 向为主视图的投影方向。主视图确定后,俯视图和左视图的投影方向也就随之确定了。

3）绘图步骤

首先根据各基本体的相对位置画出各个基本体的各面视图,以确定出组合体边界线的投影,然后画出各表面的积聚投影和相邻两个表面交线的投影。支架的三视图作图过程如图 4.36 所示。

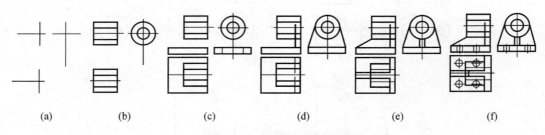

|(a)|(b)|(c)|(d)|(e)|(f)|

图 4.36　支架的作图步骤

4.4　读组合体的视图

所谓读组合体的视图,就是根据已知视图,应用投影规律,正确识别组合体的形状与结构。看图时必须掌握看图要点和看图方法,总结各类形体的形成及特点,以逐步培养看图能力。

4.4.1　看图的要点

（1）几个视图联系起来看

一般情况下,一个视图不能完全确定形体的形状。因此在看图时,必须要将几个视图联系起来分析。如图 4.37 所示的三组视图,它们的主视图都相同,但实际上是三种不同的形体。

（2）寻找特征视图

所谓特征视图,就是把形体的形状特征及相对位置反映得最充分的视图,如图 4.37 中的左视图。找到这个视图,再配合其他视图,就能较快地认清形体了。

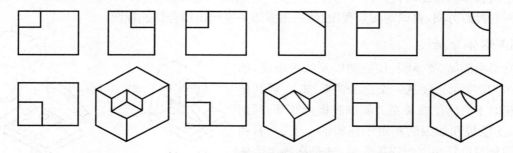

图 4.37　几种不同组合体的三视图

（3）明确视图中的线框和图线的含义

视图中的每个封闭线框，可以是形体上不同位置平面和曲面的投影，也可以是孔的投影。如图 4.38 所示。图中线框 A、B、C 为平面的投影，线框 D 为曲面的投影，线框 E 为孔的投影。视图中的每一条图线可能表示三种情况：垂直于投影面的平面或曲面的投影；两个面交线的投影；曲面投影的转向轮廓线。如图 4.38 所示。

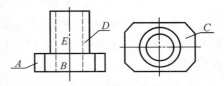

图 4.38　线框和图线的含义

4.4.2　读图的基本方法

1）形体分析法

形体分析法是读图的基本方法。一般是从反映物体形体特征的主视图着手，对照其他视图，初步分析该物体由哪些基本体和通过什么形式所形成的；然后按投影特性逐个找出各基本体在其他视图中的投影，并确定各基本体之间的相对位置；最后综合想象物体的整体形状。现以图 4.39 所示的组合体为例，讨论读图的方法。

（1）划分线框

将较能明显地反映组合体形状特征的视图（一般是主视图）划分为若干个线框。如图 4.39 所示，将主视图划分为四个封闭线框。

（2）判别各基本体的形状

根据主视图划分的线框，对应俯、左视图的线框，想象出每个基本体的形状。如图 4.39 所示，A 是长方体的底板，B、C 是两个相同的三角形板，D 是开了一个半圆槽的长方形块。

（3）判别各基本体之间的相对位置

根据方位对应关系，可从主视图中判别出上、下和左、右的相对位置。从俯视图或左视图中可以判别出前、后的相对位置。

（4）判别表面连接关系

根据相邻的两个基本体的形状和相对位置判别其相邻的两个表面的连接关系。如图 4.39 所示，四个基本体都是平面体，且所有的表面都是特殊位置平面，因此，全部相邻的两个表面交线的投影，都与基本体表面有积聚性的投影重合。

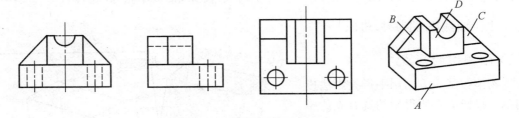

图 4.39　形体分析法读图

2）线面分析法

运用线、面投影理论分析物体的表面形状、面与面的相对位置以及面与面之间的表面交线，并借助立体的概念来想象物体的形状，这种方法称为线面分析法。现以图 4.40 所示的压板为例，说明线面分析法在读图中的应用。

（1）确定物体的整体形状

根据图 4.40(a) 所示，压板三视图的外形均是由有缺角的矩形切割而成。

（2）确定切割面的位置和形状

由图 4.40(b)可知,在俯视图中有梯形线框 a,而在主视图中可找出与它对应的斜线 a'。由此可见,A 面是垂直于 V 面的梯形平面。长方体的左上角由 A 面切割而成,平面 A 对 W 面和 H 面都处于倾斜位置,所以它们的侧面投影 a'' 和水平投影 a 是类似图形,不反映 A 面的真实形状。

由图 4.40(c)可知,在主视图中有四边形线框 b',而在俯视图中可找出与它对应的斜线 b。由此可见,B 面是铅垂面。长方体的左端就是由这样的两个平面切割而成的。平面 B 对 V 面和 W 面都处于倾斜位置,因而侧面投影 b'' 也是类似的四边形。

由图 4.40(d)可知,在主视图和左视图中分别有两个虚线线框,在俯视图中可找出与它们对应的圆,由此可见为两个同轴的孔。

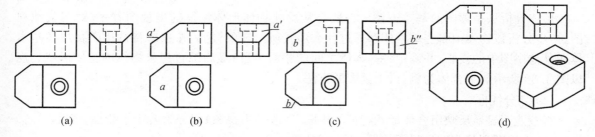

图 4.40　线面分析法读图

（3）综合想象其整体形状

弄清各切割面的位置和形状后,根据基本体形状、各切割面与基本体的相对位置,进一步分析视图中的线、线框的含义,可以综合想象出整体形状,如图 4.40(d)所示。

读组合体的视图常常是两种方法并用,以形体分析法为主,线面分析法为辅。

4.5　轴测图

在工程技术领域中最常用的图样是用正投影法绘制的多面视图,它能够反映物体的真实形状和大小,作图简便,但缺乏立体感。轴测图是物体在平行投影下形成的具有立体感的单面投影图,但它不能真实地表达出物体的形状、大小,作图较复杂,常被用做辅助图样。

4.5.1　轴测图的基本知识

1) 轴测图的形成

将物体按某一方向用平行投影法投影到单一投影面上所得到的具有立体感的图形称为轴测投影图,简称轴测图。如图 4.41 所示。其中 P 面称为轴测投影面,坐标轴的轴测投影称为轴测投影轴,简称轴测轴。轴测图能够同时反映物体长、宽、高三个方向的投影。

2) 轴间角和轴向伸缩系数

空间直角坐标系中 OX、OY、OZ 轴

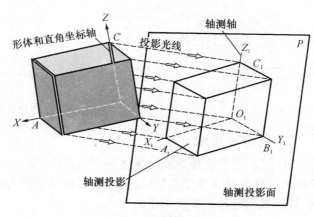

图 4.41　轴测图的形成

在轴测投影面 P 上的投影 O_1X_1、O_1Y_1、O_1Z_1 为轴测轴,两根轴测轴之间的夹角称为轴间角,即 $\angle X_1O_1Y_1$、$\angle X_1O_1Z_1$、$\angle Z_1O_1Y_1$。

轴测轴上的线段与直角坐标轴上对应线段之比称为轴向伸缩系数。OX、OY、OZ 轴上的伸缩系数分别用 p、q、r 表示,即:

$$p=\frac{O_1A_1}{OA},q=\frac{O_1B_1}{OB},r=\frac{O_1C_1}{OC}$$

轴间角、轴向伸缩系数是绘制轴测图的两个重要参数。

3）轴测图的种类

轴测图按投影方向不同可分为正轴测投影和斜轴测投影,每一类中按轴向伸缩系数的不同又分为三类。

(1) 正(或斜)等测,即 $p=q=r$;

(2) 正(或斜)二测,即 $p=r\neq q$;

(3) 正(或斜)三测,即 $p\neq q\neq r$。

国家标准 GB 4458.3—84《机械制图　轴测图》中,推荐了正等测、正二测、斜二测三种轴测投影图,常用的是正等测和斜二测两种。

4）轴测投影的性质

轴测投影图是应用平行投影法画出的,所以它仍具有平行投影的投影特性。

(1) 物体上平行于坐标轴的线段,在轴测图中仍然与相应的轴测轴平行。

(2) 物体上相互平行的线段,在轴测图中仍互相平行。

(3) 凡平行于轴测投影面的直线和平面图形,其轴测投影仍反映原长和原形。

4.5.2　正等测图

1）轴间角和轴向伸缩系数

如图 4.42 所示,使三条坐标轴对轴测投影面处于倾角都相等的位置,也就是将图中立方体的对角线 A_1O_1 放成垂直于轴测投影面的位置,并以 A_1O_1 的方向作为投影方向,所得到的轴测投影就是正等测。

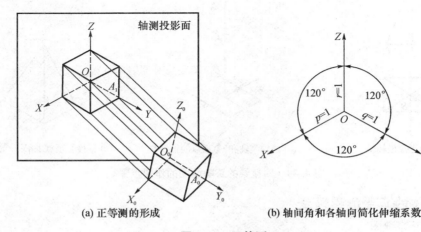

(a) 正等测的形成　　　　　　　　　　　(b) 轴间角和各轴向简化伸缩系数

图 4.42　正等测

正等测图中的轴间角为 120°轴测轴的画法如图 4.42(b)所示。

由于空间坐标轴与轴测投影面的倾角相同,所以轴向伸缩系数相等,即 $p=q=r=0.82$。为作图方便,常采用简化伸缩系数,即 $p=q=r=1$,即沿各轴向的所有尺寸均按实长绘制。其轴向尺寸为原来的 $1/0.82=1.22$ 倍,这个图形与用各轴向伸缩系数为 0.82 画出的轴测图是相似的图形。通常采用简化伸缩系数画正等测图。

2）平面立体正等测图的画法

轴测投影图通常按以下步骤绘制:

（1）根据形体结构特点,选定坐标原点位置,一般定在形体的对称轴线上的顶面或底面,视作图方便而定。

（2）画出轴测轴。

（3）在视图中取点、线,根据轴测投影性质逐步绘制,不可见棱不画出。

（4）检查、描深。

【例 4.13】　绘制图 4.43(a)所示六棱柱的两视图的轴测图。根据上述步骤和办法绘制六棱柱的轴测图,具体作图过程如图 4.43 所示。

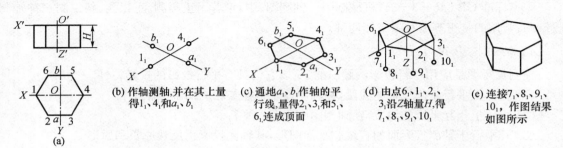

图 4.43　正六棱柱的正等测图的作图步骤

【例 4.14】　绘制图 4.44(a)为四棱锥的两视图的轴测图。画图时先根据各顶点的坐标画它们的轴测投影,然后顺连各顶点即得四棱锥的轴测图。作图过程如图 4.44(b)、(c)所示。

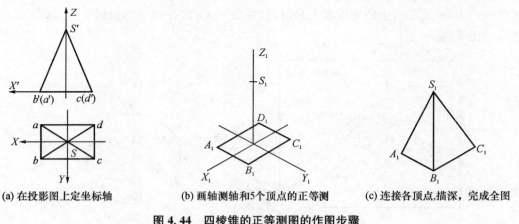

(a) 在投影图上定坐标轴　　　　(b) 画轴测轴和5个顶点的正等测　　　(c) 连接各顶点,描深,完成全图

图 4.44　四棱锥的正等测图的作图步骤

3）回转体的正等测图画法

（1）圆的正等测图

平行于坐标面的圆的正等测图都是椭圆。如图 4.45 所示为坐标面 XOY 上的圆的正等测椭圆的作图过程。

(a) 通过圆心O_0作坐标轴和
圆的外切正方形,切点为
1_0、2_0、3_0、4_0

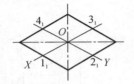

(b) 作轴测轴和切点1_1、2_1、3_1、
4_1,通过这些点作外切正方形
的轴测菱形,并作对角线

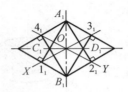

(c) 过1_1、2_1、3_1、4_1作各
过的垂线,交得圆心A_1、
B_1、C_1、D_1,A_1、B_1即
短对角线的顶点,C_1、D_1
在长对角线上

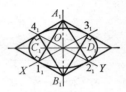

(d) 以A_1、B_1为圆心,$A_1 1_1$
为半径,作$\overset{\frown}{1_1 2_1}$、$\overset{\frown}{3_1 4_1}$;
以C_1、D_1为圆心,$C_1 1_1$
为半径作$\overset{\frown}{1_1 4_1}$、$\overset{\frown}{2_1 3_1}$、

图 4.45　近似椭圆的画法

平行于 XOY 坐标面的圆,其正等
测椭圆的长轴垂直于 $O_1 Z_1$ 轴,短轴平
行于 $O_1 Z_1$ 轴;平行于 XOZ 坐标面的
圆,其正等测椭圆的长轴垂直于 $O_1 Y_1$
轴,短轴平行于 $O_1 Y_1$ 轴;平行于 YOY
坐标面的圆,其正等测椭圆的长轴垂直
于 $O_1 X_1$ 轴,短轴平行于 $O_1 X_1$ 轴。如图
4.46 所示。

（2）圆柱体正等测图的画法

【例 4.15】　圆柱体正等测图的画
法如图 4.47 所示。

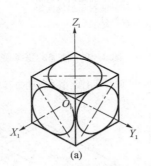
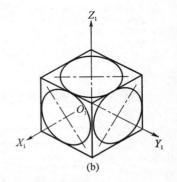

图 4.46　平行于坐标面圆的正等测图

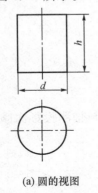

(a) 圆的视图

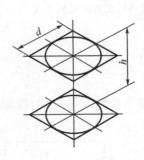

(b) 画上、下面图

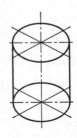

(c) 画圆柱面

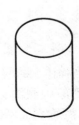

(d) 描深正稿

图 4.47　圆柱体的正等测图的画法

【例 4.16】　图 4.48 所示轴套视图的正等
测图画法如图 4.49 所示。

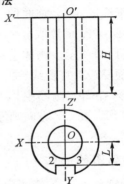

图 4.48　轴套的主俯视图

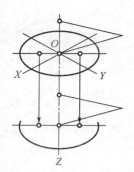 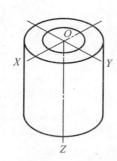 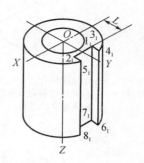 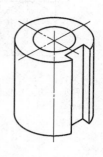

(a) 作轴测轴:画顶面的近似　　(b) 作与两个椭圆相切的圆　　(c) 由L定出1_1,由1_1定2_1、3_1,　　(d) 作图结果
椭圆,再把连接圆弧的圆心　　　柱面轴测投影的转向轮　　　由2_1、3_1定4_1、4_1,再作平
向下移H,作底面近似椭圆　　　廓及轴孔　　　　　　　　行于轴测轴的诸轮廓线,画
的可见部分　　　　　　　　　　　　　　　　　　　　　　全键槽

图 4.49　轴套的正等测图画法

【例 4.17】　圆角的正等测图画法如图 4.50 所示。

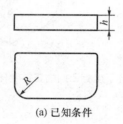 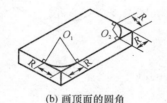 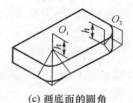

(a) 已知条件　　　　　(b) 画顶面的圆角　　　　(c) 画底面的圆角

图 4.50　圆角的正等测图的画法

4.5.3　斜二测图

1) 斜二测图的形成及投影特性

当物体上的两个坐标轴 OX 和 OZ 与轴测投影面平行,而投影方向与轴测投影面倾斜时,所得到的轴测图称为斜二测投影图,简称斜二测。如图 4.51 所示。斜二测轴测轴,OX_1 和 OZ_1 分别为水平方向和铅垂方向,OY_1 与水平线成45°。轴向伸缩系数 $p_1 = \gamma_1 = 1$,而常取 $q = 0.5$,如图 4.51(b)所示。物体上平行于坐标面 XOZ 的直线、曲面和平面图形,在斜二测图中均

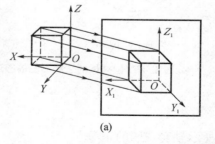 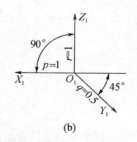

(a)　　　　　　　　　　(b)

图 4.51　斜二测图的形成

反映实长和实形。在 OY 方向则缩小 50% 表示。斜二测图适用于在某一个方向上有较多的圆和曲线的物体。

2) 斜二测图的画法

斜二测的画法与正等测相同,但斜二测又有其自己的特点。根据零件结构特点,应将圆面放于平行于坐标面 XOZ 的位置,然后由前到后依次画出。

【例 4.18】 正四棱台的斜二测图画法如图 4.52 所示。

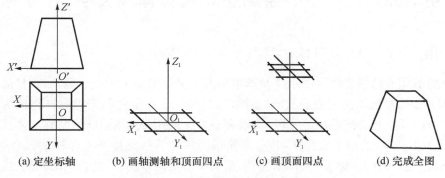

(a) 定坐标轴　　(b) 画轴测轴和顶面四点　　(c) 画顶面四点　　(d) 完成全图

图 4.52　正四棱台的斜二测图画法

【例 4.19】 具有圆柱孔圆台的斜二测图画法如图 4.53 所示。

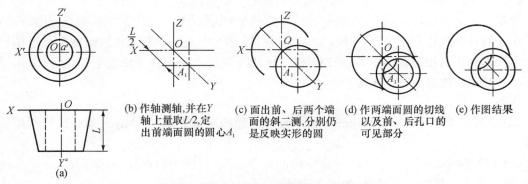

(b) 作轴测轴,并在Y轴上量取$L/2$,定出前端面圆的圆心A_1　　(c) 画出前、后两个端面的斜二测,分别仍是反映实形的圆　　(d) 作两端面圆的切线以及前、后孔口的可见部分　　(e) 作图结果

图 4.53　具有圆柱孔圆台的斜二测图画法

【例 4.20】 摇杆架的斜二测画法如图 4.54 所示。

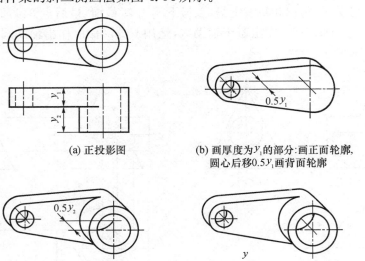

(a) 正投影图　　(b) 画厚度为y_1的部分:画正面轮廓,圆心后移$0.5y_1$画背面轮廓

(c) 画长度为y_2的圆筒:圆心向前移$0.5y_2$画圆筒的内、外圆,作外轮廓的切线,画出后部可见轮廓线　　(d) 整理描深,擦去共面分界线

图 4.54　摇杆的斜二测画法

4.6　用 AutoCAD 2008 绘制基本几何体及文字、尺寸标注

4.6.1　用 AutoCAD 2008 绘制典型基本几何体

在本章的前几节已经介绍了基本体及基本体表面交线的手工画法。但是,在目前计算机辅助设计(CAD)和计算机绘图大力普及、日益推广的形势下,电子化的工程图样正成为企业与企业间以及企业内部信息交流的标准手段,所以有必要介绍用 AutoCAD 绘制基本体及基本体表面交线。用 AutoCAD 绘制工程图样,并不是简单地用计算机照搬手工作图的过程,而是利用 AutoCAD 提供的强大的图形管理、作图辅助、精确图形定位等功能,结合画法几何、机械制图的原理,高效、准确地绘制满足实际要求的工程图。

下面以一个例子来说明如何用 AutoCAD 绘制典型相贯体。

【例 4.21】　绘制图 4.55 所示圆柱面与圆锥面的相贯体。

分析　由立体图可知,圆柱与圆锥轴线垂直相交,相贯线为一封闭的空间曲线,并且前后对称。由于圆柱轴线垂直于 W 面,其投影为圆,相贯线的 W 面投影积聚在该圆上。对于相贯线的水平投影和正面投影,可采用一系列与圆锥轴线垂直的水平面作为辅助平面,通过求出辅助平面与圆柱和圆锥的截交线来得出。

作图:

(1) 新建一个图形文件,用 Limits 命令设置图形的图幅大小,用 Layer 命令设置所用到的层等。

(2) 切换到中心线层,运用 Line 命令绘制各中心线,切换到轮廓线层,运用 Line 命令绘制圆柱、圆锥各个投影面的外轮廓,如图 4.55 所示。

(3) 绘制相贯线上的特殊点。

通过分析投影关系,得出相贯线上最上、最下点 1、2,最前、最后点 3、4,2 个最右点 5、6,在此过程中主要运用 Line 命令,作出若干辅助线,运用 Circle 命令作出辅助圆,求出相贯线上的特殊点,如图 4.56 所示。

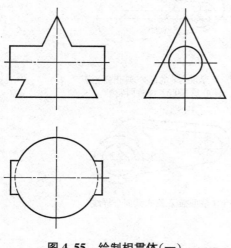

图 4.55　绘制相贯体(一)

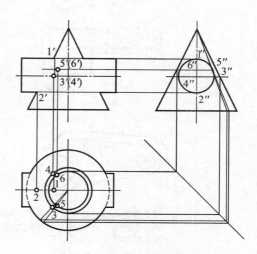

图 4.56　绘制相贯体(二)

（4）求相贯线上的一般点。

在适当位置作出一辅助平面,求出相贯线上的一般点 7、8 的投影,作图过程同上,结果如图 4.57 所示。

（5）整理相贯线。

运用 Spline 命令光滑连接 1,2,…,8 各点,用 Trim 命令修剪多余的线条,完成相贯体的绘制,结果如图 4.58 所示。

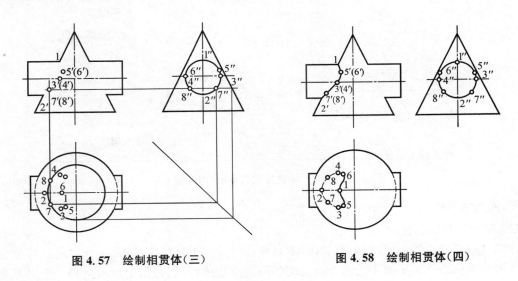

图 4.57　绘制相贯体（三）　　　　　图 4.58　绘制相贯体（四）

4.6.2　AutoCAD 的文字、尺寸标注及轴测图的画法

AutoCAD 的尺寸标注采用半自动式,系统按图形的测量值和标注格式进行标注,它还提供了很强的尺寸编辑功能。如图 4.59 所示为尺寸标注命令工具条。

图 4.59　尺寸标注命令工具条

1）尺寸标注样式

在 AutoCAD 中,使用标注样式可以控制标注的格式和外观,可以根据需要对尺寸线、尺寸界线、尺寸文本等内容进行设置,建立强制执行的绘图标准,并有利于对标注格式及用途进行修改。

选择"格式"|"标注样式"命令或键入"Ddim"命令,打开"标注样式管理器"对话框,对尺寸样式进行设置,根据需要设置符合制图国家标准的各种样式。

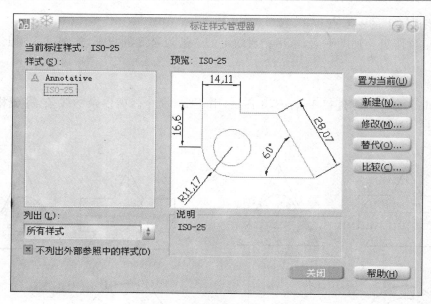

图 4.60 "标注样式管理器"对话框

2）尺寸标注

（1）线性尺寸的标注

选择"标注"|"直线"命令（DIMLINEAR），或在"标注"工具栏中单击"线性"按钮，可创建用于标注用户坐标系 XY 平面中的两个点之间的距离测量值，并通过指定点或选择一个对象来实现，此时命令行显示如下提示信息：

指定第一条尺寸界线原点或 ＜选择对象＞：

根据命令行提示进行标注。

（2）半径和直径尺寸的标注

选择"标注"|"半径/直径"命令（DIMRADIUS/DIMDIAMETER），或在"标注"工具栏中单击"直径/半径标注"按钮，可以标注圆和圆弧的直径，按照命令行的提示进行标注。

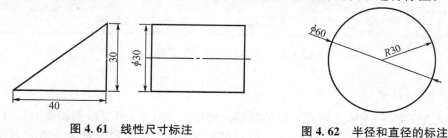

图 4.61 线性尺寸标注　　　　**图 4.62 半径和直径的标注**

（3）角度尺寸的标注

选择"标注"|"角度"命令（DIMANGULAR），或在"标注"工具栏中单击"角度"按钮，都可以测量圆和圆弧的角度、两条直线间的角度，或者三点间的角度。执行 DIMANGULAR 命令，此时命令行显示如下提示：

选择圆弧、圆、直线或 ＜指定顶点＞：

按照命令提示进行标注。

（4）基线标注

基线标注是指几个尺寸使用共同的第一条尺寸界线。选择"标注"|"基线"命令（DIM-

BASELINE)，或在"标注"工具栏中单击"基线"按钮，可以创建一系列由相同的标注原点测量出来的标注。

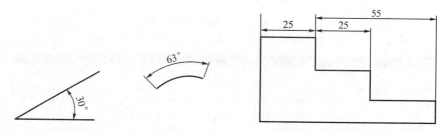

图 4.63　角度尺寸的标注　　　　图 4.64　基线标注和连续标注

（5）连续标注

连续标注是以前一个尺寸的第二条尺寸界线作为后一个尺寸的第一条尺寸界线。选择"标注"|"连续"命令（DIMCONTINUE），或在"标注"工具栏中单击"连续"按钮，可以创建一系列端对端放置的标注，每个连续标注都从前一个标注的第二个尺寸界线处开始。

3）尺寸编辑

尺寸标注后还可以对其进行编辑修改，修改尺寸的方法很多，最常用的是关键点编辑和"Ddmodify"对话框。

关键点编辑可以方便地修改尺寸的起点、尺寸线位置和尺寸数字位置，一般在尺寸位置不合适时常用。具体操作方法是：点击待修改的尺寸，此时该尺寸变虚并显示其关键点（蓝色小方框），再单击需要修改的关键点使之变为红色，即可用鼠标进行修改。

要修改文本和尺寸样式中的所有内容，可通过"Ddmodify"对话框来修改。选择"修改"|"特性"命令或右键快捷菜单中的"特性"命令可激活如图 4.65 所示的对话框。

另外，AutoCAD 还提供了一些专门用于尺寸编辑的命令，可以使尺寸界线、尺寸线和尺寸数字旋转一定角度，以满足图样上标注尺寸的需要，这些功能都在图 4.60 的修改工具条中列出。

图 4.65　"特性"对话框

4）文字标注

（1）单行文本的输入

选择"绘图"|"文字"|"单行文字"命令（DTEXT），单击"文字"工具栏中的"单行文字"按钮，或在"面板"选项的"文字"选项区域中单击"单行文字"按钮，均可以在图形中创建单行文字对象。执行该命令时，AutoCAD 提示：

当前文字样式：Standard 当前文字高度：2.5000

指定文字的起点或 [对正(J)/样式(S)]：

根据提示进行单行文本输入。

（2）多行文本的输入

选择"绘图"|"文字"|"多行文字"命令（MTEXT），或在"绘图"工具栏中单击"多行文字"按

钮,或在"面板"选项板的"文字"选项区域中单击"多行文字"按钮,然后在绘图窗口中指定一个用来放置多行文字的矩形区域,将打开"文字格式"工具栏和文字输入窗口。

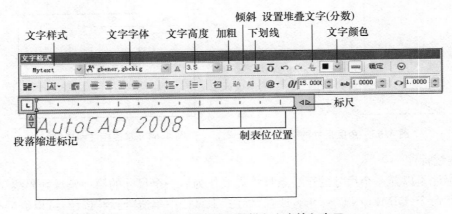

图 4.66　"文字格式"工具栏和文字输入窗口

（3）文本的编辑

选择"修改"|"对象"|"文字"|"编辑"命令（DDEDIT）,并单击创建的文字,或直接编辑单行文字或打开多行文字编辑窗口,然后参照多行文字的设置方法,修改并编辑文字。

图 4.67　多行文字编辑器

5）轴测图的画法

用 AutoCAD 绘制正等轴测图与手工绘制正等轴测图的方法相同,但由于计算机提供了辅助作图工具,使作图更加方便快捷。

（1）栅格模式

AutoCAD 提供了绘制正等轴测图的辅助工具,用"Snap"命令中的 Style 可以设置等测栅格。这时,标准的 AutoCAD 光标的形式随之变化。在正等测捕捉模式下,AutoCAD 支持三种用来辅助正等测绘制的等轴测栅格,如图 4.68 所示。

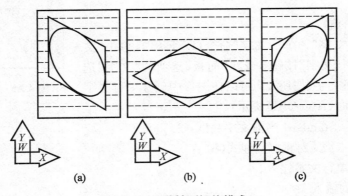

图 4.68　3 种轴测栅格模式

　　其中,Lift 模式用于绘制与侧面平行的图形,Top 模式用于绘制与水平面平行的图形,Right 模式用于绘制与正面平行的图形。三种模式可以利用<Ctrl>+<E>键相互切换。

　　(2)正等轴测图中圆的绘制

　　使用"ellipse"命令。命令行显示如下:

　　命令:ellipse

　　指定椭圆轴的端点或[圆弧(A)/中心点(C)/等轴测圆(I)]:i

　　指定等轴测圆的圆心:

　　指定等轴测圆的半径或[直径(D)]:

　　注意:一定要先使捕捉模式处于正等轴测图方式后才进行上述操作。

5 物体的常用表达方法

由于物体的结构形状是多种多样的,有时仅采用三视图往往不能表达清楚其内外形状。为此,根据国际标准化组织(ISO)的最新规定,制定了以下国家标准,规定了工程技术图样的各种表达方法:

GB/T 17450—1998《技术制图 图样画法 图线》

GB/T 17451—1998《技术制图 图样画法 视图》

GB/T 17452—1998《技术制图 图样画法 剖视图和断面图》

GB/T 17453—1998《技术制图 图样画法 剖面区域的表示法》

GB/T 16675—1996《技术制图简化表示法》

本章将重点介绍视图、剖视图、断面图、尺寸注法、规定画法及一些简化画法。

5.1 视图

视图通常有基本视图、向视图、局部视图和斜视图,主要用来表达机件的外部形状。在视图中通常只画物体的可见部分,必要时才画其不可见部分。

5.1.1 基本视图

1)基本视图的构成

为了清楚地表示出物体各方面的不同结构形状,国标规定,在原有的三个投影面的基础上再增加三个投影面,构成正六面体的六个面,如图 5.1(a)所示。

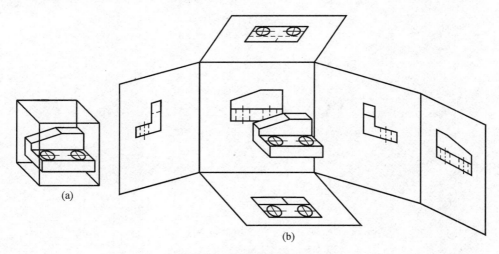

图 5.1 基本视图的构成

这六个投影面称为基本投影面。将物体置于正六面体中,分别向六个投影面投影,即可得到六个基本视图。除前面已介绍的主视图、俯视图和左视图外,还有以下三个基本视图:

(1)右视图:由右向左投影所得的视图,它反映物体的高和宽;

（2）后视图：由后向前投影所得的视图，它反映物体的长和高；

（3）仰视图：由下向上投影所得的视图，它反映物体的长和宽。

2）基本视图的配置

以主视图所在的投影面为基准，按图 5.1(b) 的方法将六个基本投影面展开。展开后各视图的配置关系如图 5.2 所示。在同一张图纸内按上述关系配置的基本视图，可不标注视图的名称。

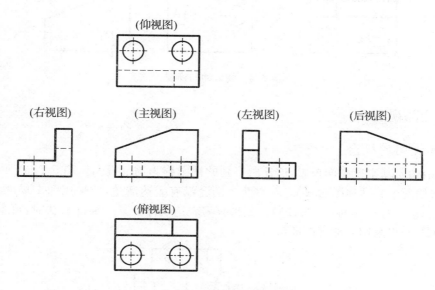

图 5.2　基本视图的配置

六个基本视图仍符合"长对正、高平齐、宽相等"的投影规律。绘制机件时，应根据机件形状的复杂程度选用必要的基本视图，通常优先选用主、俯、左视图。视图数量的选取原则是以最少的视图将机件表达清楚。

3）基本视图的应用举例

在实际应用中，并不总是需要将机件的六个基本视图全部画出，而是要根据机件的结构特点，选用必要的几个基本视图。图 5.3 是一个零件的视图选择。除采用了主、左视图外，为避免左视图出现过多的虚线，还选用了右视图、俯视图，其他视图没有必要。

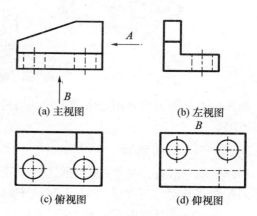

图 5.3　零件视图举例

5.1.2　向视图

向视图是可以自由配置的视图。常用的表达方法为：在向视图的上方注"×"（"×"为大写的拉丁字母），在相应视图的附近用箭头指明投影方向，并标注相同的字母。如图 5.4 所示。

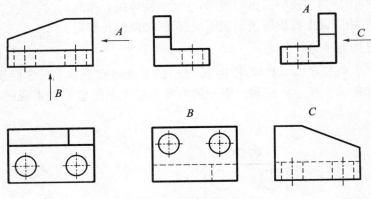

图 5.4　物体的向视图

5.1.3　局部视图

1) 局部视图的概念

将局部结构向基本投影面投影,这样所得到的视图称为局部视图。图 5.5(a)所示的支座,当采用了主、俯两个基本视图后,仍有左右两个凸台没有表达清楚,故采用两个局部视图,而不必画出完整的左、右视图(见图 5.5(b))。如果只需表达机件上某一局部形状时,可不必画出完整的基本视图,而仅采用局部视图即可。

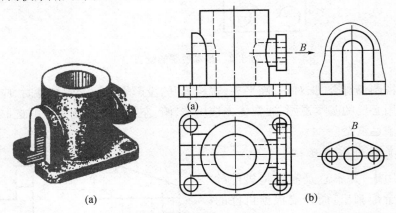

图 5.5　物体局部视图

局部视图其断裂边界用波浪线表示。当局部结构是完整的、且外形轮廓线成封闭时,波浪线可省略。

2) 局部视图的配置

局部视图一般可按基本视图的配置形式配置,如图 5.5(b)中的左视图,也可按向视图的配置形式配置在其他适当位置,如图 5.5(b)中的 B 向视图。

5.1.4 斜视图

1）斜视图的概念

图 5.6 所示的机件上具有倾斜结构，在基本视图上不能反映该部分的实形。为此可设置一个与倾斜结构平行的投影面垂直面（见图 5.6 中为正垂面）作为投影面，将倾斜部分向该投影面投影，得到的视图（B 向视图）即为斜视图。机件向不平行于任何基本投影面的平面投影所得的视图均为斜视图。

由于斜视图主要用来表达机件上倾斜部分的实形，故斜视图通常画局部的视图，其断裂边界用波浪线表示。当所表示的结构是完整的，且外形轮廓是封闭的，则波浪线可省略。

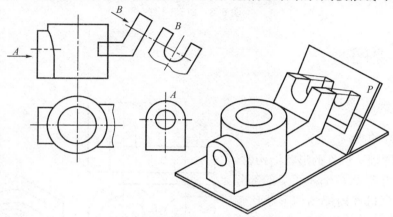

图 5.6 物体的斜视图

2）斜视图的配置

斜视图一般按向视图的配置形式配置并标注，如图 5.7(a) 所示。必要时允许将斜视图旋转配置，表示该视图名称的大写拉丁字母应靠近旋转符号的箭头端，如图 5.7(b) 所示，也允许将旋转角度标注在字母之后，如图 5.7(c) 所示。

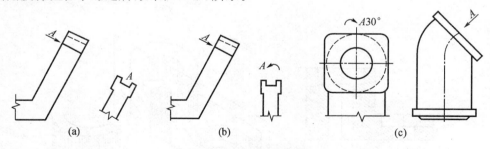

图 5.7 斜视图的配置

5.1.5 旋转视图

图 5.8 所示的机件，虽然也有倾斜部分，但该部分结构具有回转轴线。假想将机件的倾斜部分绕旋转轴旋转到与某一基本投影面平行后，再向该投影面投影，所得的视图称为旋转视图。旋转视图的投影关系比较明显，不需另加标注。

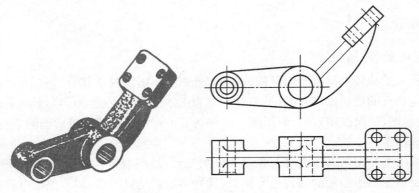

图 5.8　旋转视图

5.2　剖视图

5.2.1　剖视图概述

1) 剖视图的概念

在用三视图表达机件的形状结构时，可见的部分用粗实线画出，不可见的部分用虚线画出。当机件内部结构形状比较复杂时，视图中会出现较多的虚线，这不但影响图形的清晰度，还不便于标注尺寸。为了表达机件的内部形状，对于图 5.9 所示的机件，假想用剖切平面剖开，将处在剖切平面与观察者之间的部分

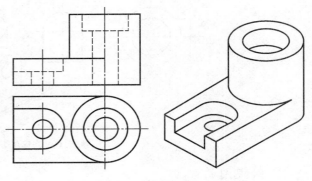

图 5.9　机件图

移去，而将其剩余部分向投影面投影所得的图形称为剖视图，如图 5.10 所示的主视图即为剖视图。

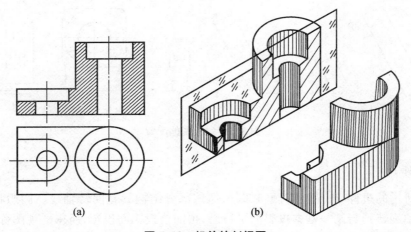

　　　　　(a)　　　　　　　　　　　　　　(b)

图 5.10　机件的剖视图

　　画剖视图时,不仅要画出剖切面与机件实体接触部分(称为断面),还要画出剖切面与投影面之间的投影。

　　2) 剖面符号

　　GB/T 17453 - 1998 规定,画剖视图时,剖切平面与机件接触的部分应画上剖面符号,以表示剖面区域。当不需要在剖面区域中表示材料的类别时,可采用通用剖面线表示。

　　通用剖面线应以适当角度的细实线绘制,最好与主要轮廓或剖面区域的对称线成 45° 角,如图 5.10(a)所示。

　　若需在剖面区域中表示材料的类别时,应采用特定的剖面符号表示,GB/T 17453 - 1998 中给出了特定剖面符号分类示例,如图 5.11 所示。

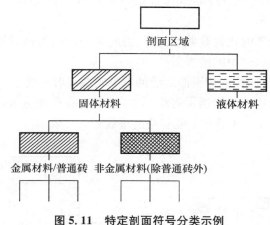

图 5.11　特定剖面符号分类示例

　　剖面线的有关规定如下:

　　(1) 同一机件的各个剖视图其剖面线的方向和间距必须一致。相邻物体的剖面线必须以不同的方向或以不同的间隔画出,如图 5.12(a)所示。

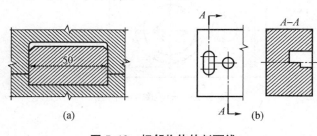

图 5.12　相邻物体的剖面线

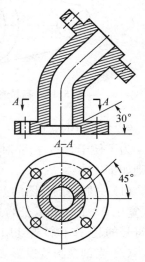

图 5.13　剖面线的角度

　　(2) 当图形中的主要轮廓与水平方向成 45° 时,该图形的剖面线应与水平方向成 30° 或 60°,如图 5.13 所示。

　　(3) 在保证最小间隔要求的前提下,剖面线间隔应按剖面区域的大小选择。

　　(4) 剖面区域内标注数字、字母等处的剖面线必须断开,如图 5.12(a)所示。

　　(5) 当同一物体在两个平行面上的剖切图紧靠在一起画出时,剖面线应相同。若要表示得更清楚,可沿分界线将两个剖切图的剖面线错开,如图 5.12(b)所示。

剖面线是绘图时易出错的地方,图5.14是五种不正确的剖面线画法。

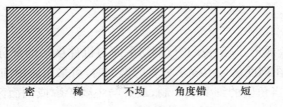

密　　　稀　　　不均　　　角度错　　　短

图 5.14　错误的剖面线画法

3) 画剖视图应注意的问题

(1) 剖切位置:剖切平面一般应通过机件的对称面或孔的轴线,以使剖切后的投影反映实形。

(2) 假想剖切:画剖视图时机件是假想剖开,因此某个视图为剖视图时,其他视图仍按完整的机件投影画出,如图5.10(a)中的俯视图。

(3) 不要漏线:画剖视图时,剖切平面之后的可见轮廓线容易遗漏,如图5.15所示。

(4) 虚线处理:剖视图中的虚线通常省略不画,只有对尚未表达清楚的结构,才必须用虚线表示,如图5.16俯视图中可以省略和不能省略的虚线。

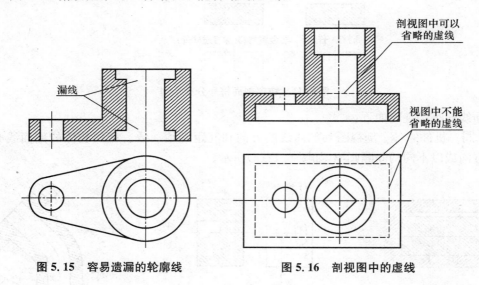

图 5.15　容易遗漏的轮廓线　　　　　**图 5.16　剖视图中的虚线**

4) 剖视图的标注

为了便于看图,需要对剖视图进行标注,表明剖切位置和剖切后的投影方向。标注内容及规则如下:

(1) 一般在剖视图的上方用字母标出剖视图的名称"×—×",在相应的视图上用剖切符号(线宽1.0～1.5 mm,长约5～10 mm的粗实线)表示剖切面的位置,用箭头表示投影方向,在剖切符号的起、迄和转折处用同样的字母标出,如图5.13所示。

(2) 当剖视图按投影关系配置、中间又没有其他图形隔开时,可以省略箭头,例如图5.13中剖切符号处的箭头可省略。

(3) 当单一剖切平面通过机件的对称平面或基本对称平面,且剖视图按投影关系配置、中间又没有其他图形隔开时,可省略标注,如图5.10(a)所示。

由于机件的结构形状各不相同,其剖切方法也不一样,各种剖视图的标注方法将在下面分别介绍。

5.2.2　剖视图的种类

根据剖切平面剖切范围的不同,剖视图可分为全剖视图、半剖视图和局部剖视图三种。

1) 全剖视图

图 5.10 和图 5.13 所示的剖视图即为全剖视图。用剖切平面完全地剖开机件所得的剖视图称为全剖视图。全剖视图主要用于表达外形简单、内形复杂的机件。图 5.17 是全剖视图的另一实例,读者可从该例中加深对全剖视图画法及其标注方法的理解。

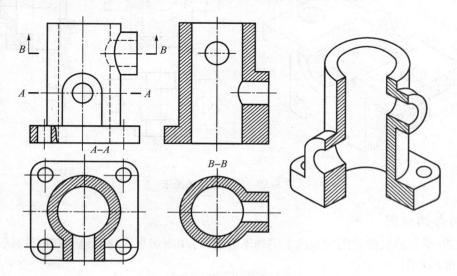

图 5.17　全剖视图实例

2) 半剖视图

图 5.18(a)所示的机件,其前方有一圆柱形凸台,若将主视图画成全剖视,如图 5.18(b)所示,则凸台不能表达清楚。为了将机件的内、外形状同时在一个视图上表示出来,可根据该机件左、右对称的特点,将主视图左半画成视图,右半画成剖视图,如图 5.18(c)所示。

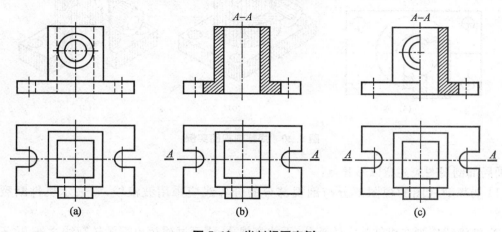

(a)　　　　　　　　　　(b)　　　　　　　　　　(c)

图 5.18　半剖视图实例

当机件具有对称平面时,在垂直于对称平面的投影面上投影所得到的图形,可以以对称中心线为界,一半画成剖视图,另一半画成视图,这种剖视图称为半剖视图。半剖视图主要用于内、外形状均需表达的对称机件。

画半剖视图应注意以下几点:

(1) 半剖视图中,视图与剖视图的分界线应是点画线,不能画成粗实线。

(2) 在半个外形视图中,表示机件内部形状的虚线可以省略,但对孔等结构需要用点画线表示其中心位置,如图 5.19 所示。

(3) 半剖视图的标注方法与全剖视图相同。

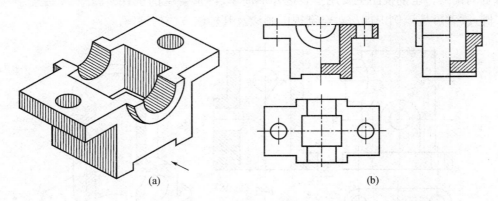

图 5.19　半剖视图的画法

3) 局部剖视图

图 5.20 所示的机件采用全剖或半剖均不合适,可用剖切平面局部地剖开机件,所得的剖视图称为局部剖视图。

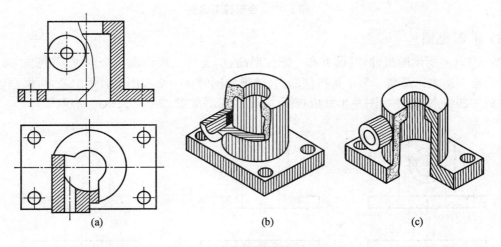

图 5.20　局部剖视图实例

画局部剖视图应注意以下几点:

(1) 局部剖视图的视图部分与剖视部分的分界线应采用波浪线,它表示机件断裂面的投影。

(2) 波浪线应画在机件的实体部分,不能穿越孔、槽而过或超出视图轮廓线之外,也不允许用轮廓线代替或与图样上的其他图线重合。图 5.21 表示了局部剖视图中波浪线的画法。

（3）局部剖的剖切位置、剖切范围的大小可根据需要而定,但在同一视图中局部剖的数量不宜过多,否则会使图形表达过于零乱。

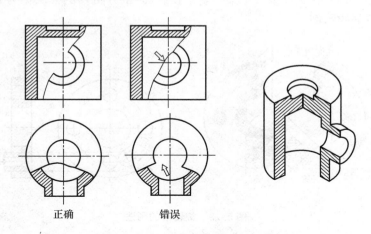

正确　　　　　　错误

图 5.21　局部剖视图中波浪线的画法

（4）对称结构的机件,当其图形的对称线正好与轮廓线重合而不宜采用半剖视图时,可采用局部剖视图,如图 5.22 所示。

（5）对于单一剖切平面的局部剖视图,当剖切位置明显时可省略标注,如图 5.22 所示。

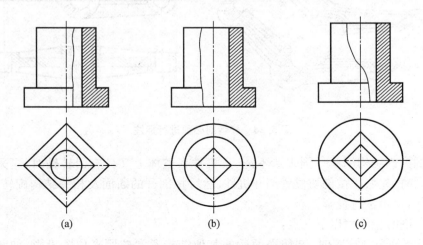

(a)　　　　　　　　(b)　　　　　　　　(c)

图 5.22　对称结构机件的局部剖视图

5.2.3　剖切面及剖切方法

画剖视图时,通常根据机件不同的结构特点,可选用不同的剖切平面和剖切方法。GB/T 17452 - 1998 规定,剖切平面有单一剖切面、两相交的剖切平面、几个平行的剖切面等。用这些剖切平面剖开机件,便产生了相应的剖切方法。无论采用哪种剖切方法,按剖切的范围,通常可以得到全剖视图、半剖视图和局部剖视图。

1）单一剖切面

用一单个剖切平面（或柱面）剖开机件的方法称为单一剖。前面所介绍的几个图例都是用单一剖的方法绘制的。

2）两相交的剖切平面

用两相交的剖切平面（交线垂直于某一基本投影面）剖开机件的方法称为旋转剖。图 5.23 和图 5.24 是旋转剖的示例。

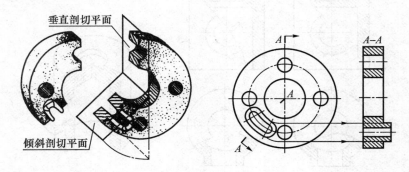

垂直剖切平面

倾斜剖切平面

图 5.23　旋转剖的画法

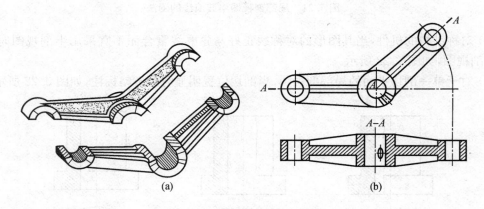

(a)　　　　　　　(b)

图 5.24　旋转剖必须进行标注

当机件的内部结构用单一剖表达不清、且机件在整体上又具有回转轴时，可采用旋转剖。画旋转剖视图时，先假想按剖切位置剖开机件，然后将剖开的断面及相关结构旋转到与选定的基本投影面平行，再进行投影。

采用旋转剖时应注意以下几点：

（1）用旋转剖画剖视图时，剖切平面后的其他结构通常按原来位置投影，如图 5.24 中的油孔。

（2）用旋转剖画剖视图时，必须进行标注。标注方式如图 5.23 和图 5.24 所示。当按投影关系配置、中间又无其他图形隔开时，允许省略箭头。

3）几个平行的剖切面

用几个平行的剖切平面剖开机件的方法称为阶梯剖。如图 5.25 所示，机件上有三个轴线不在同一平面内的孔。为了表达其上两种孔的形状，采用两个相互平行的平面剖开机件，然后投影得到阶梯剖的全剖视图。

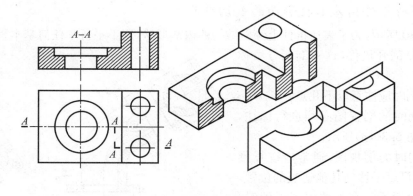

图 5.25 阶梯剖

采用阶梯剖时应注意以下几点：

(1) 在剖视图中不应画出两个剖切平面转折处的投影，如图 5.26 所示。

(2) 剖切平面的转折处不应与视图的轮廓线重合，如图 5.27 所示。

(3) 在剖视图中不应出现不完整的结构要素，如图 5.28 中所示的画法是错误的。

(4) 采用阶梯剖的剖视图必须进行标注，其标注方法与旋转剖类似。当阶梯剖的转折处地方有限且不会引起误解时，允许省略字母。

阶梯剖常用于表达内部结构层次较多、且轴线（或对称面）互相平行的机件。图 5.29 为采用阶梯剖时的局部剖视图。

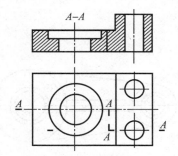

图 5.26 阶梯剖中不应画出两个剖切平面转折处的投影

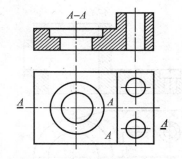

图 5.27 剖切平面转折处不应与视图的轮廓线重合

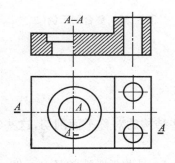

图 5.28 阶梯剖中不应出现不完整的结构要素

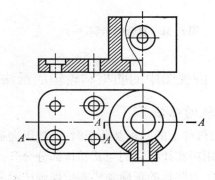

图 5.29 阶梯剖的标注

4）不平行于任何基本投影面的剖切平面

如图 5.30 所示，为了表达机件上倾斜结构的内部形状，用不平行于任何基本投影面的剖切平面（正垂面）剖开机件，这种剖切方法称为斜剖。

采用斜剖时应注意以下几点：

（1）斜剖时的剖视图必须进行标注，标注方法如图 5.30（a）所示。

（2）斜剖时的剖视图，通常应按投影关系配置，也可以平移到其他适当的位置，如图 6.30（b）所示。在不致引起误解时，允许将图形旋转，但必须标注"×一×"，如图 5.30 所示。

5）组合的剖切平面

当机件上有多处内部结构、而用前面介绍的某种剖切方法又不能表达清楚时，可采用复合剖。图 5.31 和图 5.32 是采用复合剖的示例。用组合的剖切平面剖开机

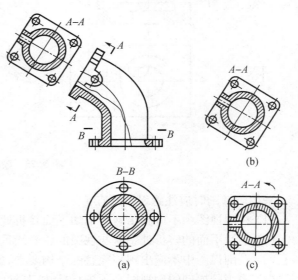

图 5.30　斜剖时的剖视图

件的方法称为复合剖。用复合剖画出的剖视图必须进行标注，标注方法与旋转剖和阶梯剖相似。

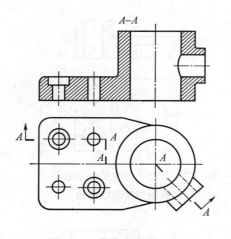

图 5.31　复合剖示例（一）

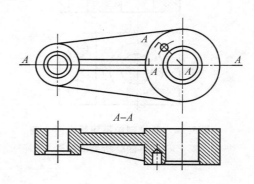

图 5.32　复合剖示例（二）

5.2.4　剖视图中的肋板和轮辐的画法

1）肋板的画法

在剖切机件上的肋板及薄板时，若按纵向通过这些结构的对称平面剖切，这些结构都不画剖面线，而用粗实线将它们与其邻接部分分开。

图 5.33 为肋板的正确画法和错误画法示例。图 5.34 是肋板画法的又一示例。

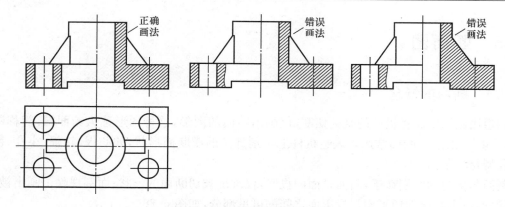

图 5.33　肋板的画法示例（一）

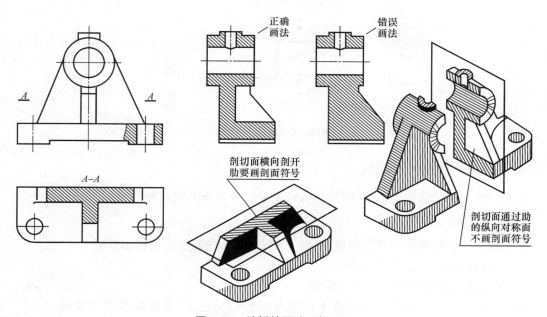

图 5.34　肋板的画法示例（二）

2) 轮辐的画法

当剖切平面通过轮辐的基本轴线（即纵向）时，轮辐部分不画剖面线，如图 5.35 所示。无论轮辐数量是奇数还是偶数，剖视图中总是画成对称的。

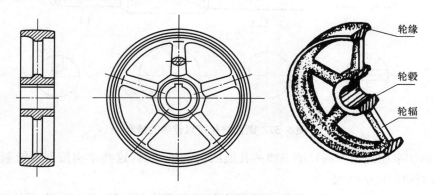

图 5.35　轮辐的画法

5.3 断面图

5.3.1 断面的概念

假想用剖切平面将机件的某处切断,仅画出断面的图形,这种图形称为断面图,简称断面,如图 5.36(a)所示。断面常用来表达机件上个别部位的横断面形状,如肋板、轮辐、小孔、键槽、杆件及型材的断面等。

断面与剖视的区别在于:断面是面的投影,仅画出被切断面的形状;而剖视除了画出被切断面形状外,还需画出剖切平面与投影面之间的可见部分,如图 5.36(c)所示。

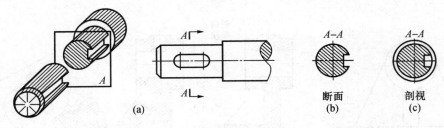

图 5.36　断面的概念

5.3.2 断面的种类及画法

根据断面所配置的位置不同,断面分为移出断面和重合断面两种。

1) 移出断面

画在视图外的断面称为移出断面图,图 5.36(a)所示的断面即为移出断面。

画移出断面时应注意以下几点:

(1) 移出断面的轮廓线用粗实线绘制。

(2) 根据 GB/T 16675 - 1996,在不致引起误解的情况下,断面符号可以省略,如图 5.37所示。

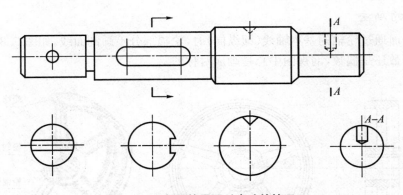

图 5.37　断面符号可以省略的情况

(3) 当剖切平面通过由回转面形成的孔或凹坑的轴线时,这些结构按剖视绘制,如图 5.37中小孔的断面和凹坑的断面。

(4) 移出断面应尽量配置在剖切符号或剖切平面迹线(剖切平面与投影面的交线)的延长

线上,必要时也可配置在其他的位置上。由于断面形状和所画位置的不同,其标注方法也有所不同。图 5.38 表明了断面的配置情况及标注方法。

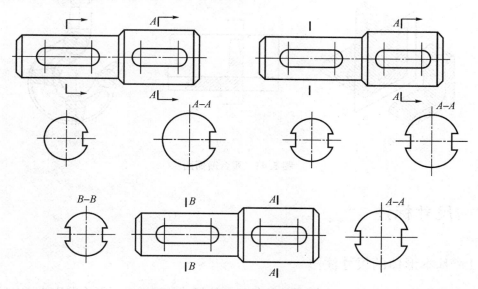

图 5.38 断面的配置情况及标注方法

(5) 由两个或多个相交的剖切平面剖切得出的移出断面,中间一般应断开,如图 5.39 所示。

(6) 当剖切平面通过非圆孔而导致完全分离的两个断面时,这些结构应按剖视图绘制,如图 5.40 所示。

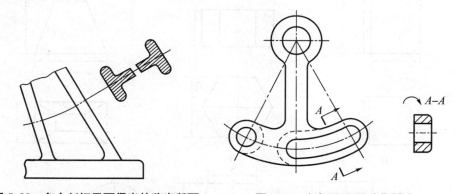

图 5.39 多个剖切平面得出的移出断面　　**图 5.40 剖切平面通过非圆孔**

2) 重合断面

画在视图轮廓之内的断面称为重合断面图,如图 5.41 所示。

画重合断面应注意以下几点:

(1) 重合断面用细实线绘制,如图 5.41(b)、(c)所示。

(2) 当重合断面与视图中的轮廓线重叠时,轮廓线不可断开,如图 5.41(b)所示。

(3) 不对称的重合断面应标注剖切符号和箭头,表示出剖切位置和投影方向,如图 5.41(b)所示。对称的重合断面不必标注,如图 5.41(c)所示。

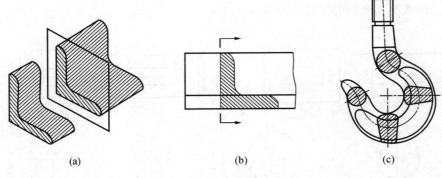

图 5.41   重合断面图

5.4   尺寸标注

5.4.1   基本形体的尺寸注法

熟悉常见基本形体的尺寸注法,是标注好组合体尺寸的基础。下面给出几种基本形体的尺寸注法。

1)基本几何体的尺寸注法

图 5.42 列出了六种基本几何体的尺寸注法。一般应标注长、宽、高三个方向的尺寸。

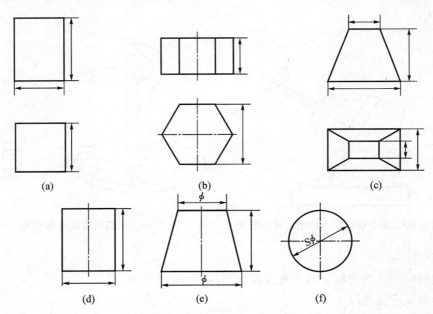

图 5.42   基本几何体的尺寸标注

2)截断体、相贯体的尺寸注法

图 5.43 列出了六种截断体和相贯体的尺寸注法。对于截断体,除了要标注确定基本几何体的大小之外,还需标注截平面位置尺寸。对于相贯体,注意标注出确定两相贯体相对位置的

尺寸。注意,截交线、相贯线是自然形成的,其上不能标注尺寸。

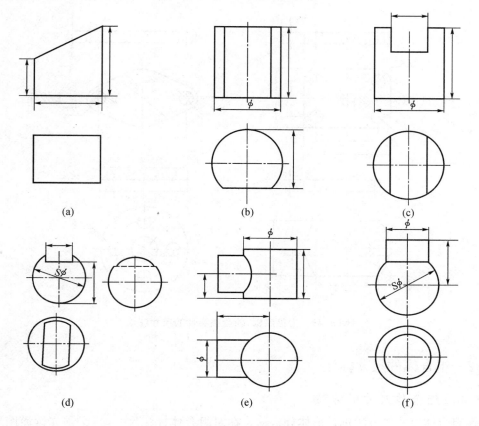

图 5.43　截断体和相贯体的尺寸注法

尺寸必须标注齐全,不允许遗漏、重复,也不能标注多余尺寸。图 5.44 中带"□"的尺寸即为重复尺寸或多余尺寸。

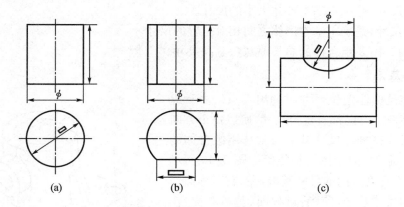

图 5.44　重复尺寸和多余尺寸

3) 常见的底板、轮盘类零件的尺寸注法

图 5.45 列出了四种常见底板、轮盘类零件的尺寸注法。从图中可以看出,孔、槽的中心距

一般都需标出,圆盘上孔的中心距由定位圆的直径确定。

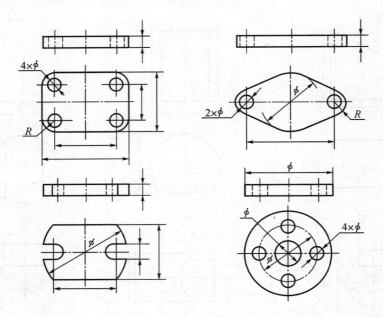

图 5.45　常见底板、轮盘类零件的尺寸注法

5.4.2　组合体的尺寸标注

1)标注组合体尺寸的方法

标注组合体尺寸的方法仍是形体分析法。在对组合体标注尺寸时,必须先读懂图形,搞清组合体由哪些基本形体构成、各部分的相对位置及组合方式如何,然后确定尺寸基准。在形体分析的基础上注出各组成部分的定形尺寸和定位尺寸,最后标注必要的总体尺寸。

2)尺寸分类

(1)定形尺寸:是确定基本形体大小的尺寸。

(2)定位尺寸:是确定基本形体之间相对位置的尺寸。

(3)总体尺寸:是组合体的总长、总宽、总高尺寸。

3)尺寸基准

尺寸基准是标注定位尺寸时的出发点。由于组合体长、宽、高三个方向都有定位尺寸,所以每个方向至少有一个尺寸基准。尺寸基准通常选用组合体的对称面、底面、端面、回转体的轴线等。图 5.46 所示的机件,底面为高度方向的尺寸基准,左、右对称面作为长度方向的尺寸基准,前、后对称面(基本对称)作为宽度方向的尺寸基准。

4)标注组合体尺寸的步骤

图 5.47 是标注图 5.46 所示机件尺寸的过程。

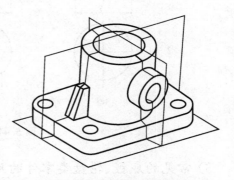

图 5.46　机件的尺寸基准

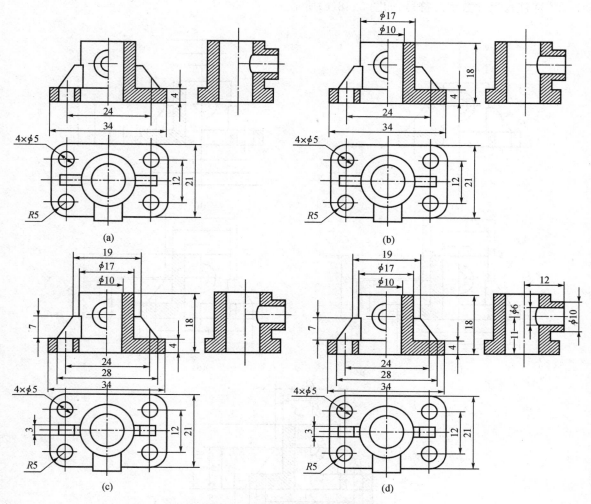

图 5.47 机件尺寸标注的步骤示意图

从图 5.47 可以看出,标注机件尺寸的步骤如下:

(1) 对机件进行形体分析。

(2) 选择尺寸基准。

(3) 标注机件各部分的定形尺寸和定位尺寸。

(4) 标注所需的总体尺寸。机件的总长即底板长,已注出,故不再重复标注。标注总高,总宽不需要标注。最后按三个方向检查尺寸。

5) 标注尺寸的工作法

用形体分析法标注尺寸时,容易出现重复尺寸和多余尺寸,为使标注尺寸工作正确有序地进行,避免画过多的底稿线,避免尺寸遗漏、重复或多余,下面仅以图 5.47(a)中主视图为例,介绍标注尺寸的工作法。

(1) 分析长、高两个方向上的尺寸数量,确定尺寸线位置,如图 5.48(a)所示。

(2) 画尺寸线底稿线,如图 5.48(b)所示。

(3) 画尺寸界线,如图 5.48(c)所示。注意,不必画尺寸界线底稿线。

(4) 画箭头,如图 5.48(d)所示。注意箭头不起稿,用三角板及 HB 铅笔直接画出。

　　(5) 注写尺寸数字及符号,如图 5.48(e)所示。

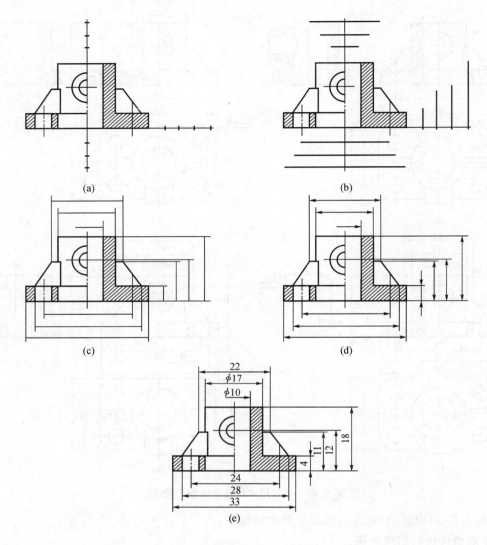

(a)　　　　　　　　　　　　　　(b)

(c)　　　　　　　　　　　　　　(d)

(e)

图 5.48　标注尺寸的工作法示意图

5.4.3　尺寸标注应注意的问题

　　为使尺寸标注得清晰、合理,应注意以下问题:

　　(1) 尺寸应尽量标注在最能反映形体特征的视图上,如图 5.49(a)的尺寸注法合理,而图 5.49(b)的注法不合理。

　　(2) 同一形体的尺寸应尽量集中标注。

　　(3) 同一方向的尺寸,小尺寸在内,大尺寸在外。

　　(4) 尺寸一般不注在虚线上。

　　(5) 圆柱的直径尽量注在非圆视图上,圆弧的半径必须注在反映为圆弧实形的视图上。

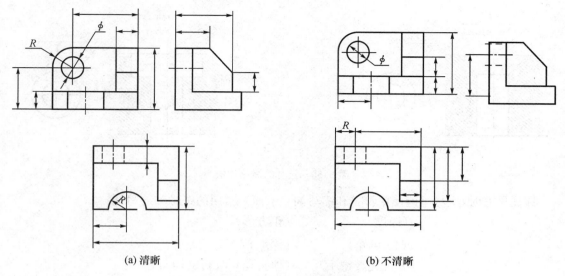

| (a) 清晰 | (b) 不清晰 |

图 5.49　尺寸标注应注意的问题

5.4.4　尺寸的简化注法

　　尺寸可以采用简化的标注方法,但必须保证不致引起误解和多意性。GB/T 16675 - 1996 规定了尺寸简化标注的方法,如图 5.50 所示。

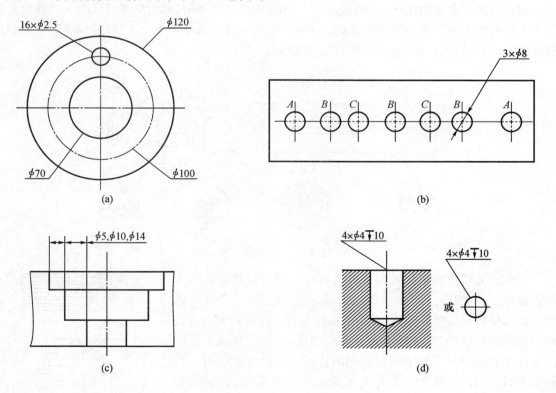

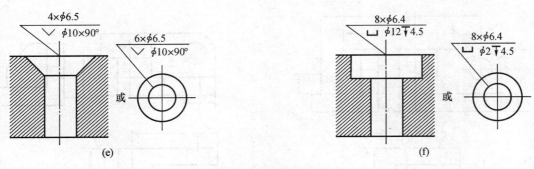

图 5.50　尺寸的简化注法

标注尺寸时,应尽可能使用符号和缩写词。下面是常用的符号和缩写词:

t(厚度)　　　　□(正方形)

c(45°倒角)　　　▽(深度)

⊔(沉孔或锪平)　∨(埋头孔)　EQS(均布)

5.5　局部放大图和简化画法

5.5.1　局部放大图

将机件的部分结构用大于原图形所采用的比例画出的图形,称为局部放大图。局部放大图用于表达机件上某些细小结构的形状。在视图上由于图形过小而表达不清,或标注尺寸有困难时,将较小的结构进行局部放大,如图 5.51 所示。

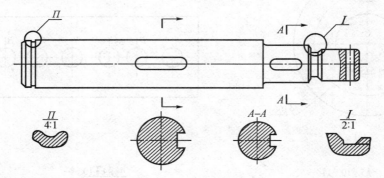

图 5.51　局部放大图

局部放大图应尽量配置在被放大部位的附近。局部放大图可画成视图、剖视图或断面,与被放大部分的表达方式无关。需放大的部位要用细实线圈出,当同一机件上有几处被放大的部位时,必须用罗马数字依次标明被放大的部位,并在局部放大图的上方标出相应的罗马数字和所采用的比例。当机件上仅有一处被放大时,则在局部放大图的上方只需注明所采用的比例,如图 5.52 所示。

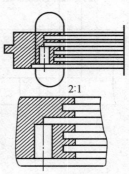

图 5.52　局部放大图的配置

5.5.2 简化画法

1）相同结构要素的简化画法

机件具有若干相同结构要素（孔、齿、槽等）、并按一定规律分布时，只需画出几个完整的结构，其余用细实线连接，在零件图中则必须注明该结构的总数，如图 5.53 所示。

图 5.54 是相同直径孔的表达方法。

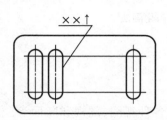

图 5.53 相同结构要素的简化画法

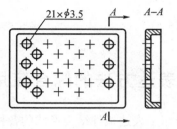

图 5.54 相同直径孔的简化画法

2）投影的简化画法

（1）当回转体上均匀分布的肋、轮辐、孔等结构不处于剖切平面上时，可将这些结构旋转到剖切平面上画出，如图 5.55 所示。

（2）与投影面倾角≤30°的圆或圆弧，其投影可用圆或圆弧代替，如图 5.56 所示。

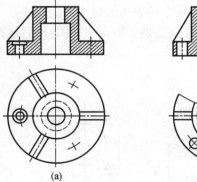

图 5.55 回转体上均匀分布的肋、轮辐、孔的简化画法

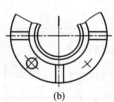

图 5.56 与投影面倾角≤30°的圆或圆弧的简化画法

（3）在不至于引起误解时，对称机件的视图可只画一半或四分之一，并在对称中心线的两端画出两条与其垂直的平行细实线，如图 5.57 所示。

（4）较长的机件（轴、杆、型材、连杆等）沿长度方向的形状一致或按一定规律变化时，可断开后缩短绘制，如图 5.58 所示。

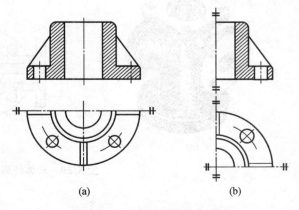

图 5.57 对称机件的简化画法

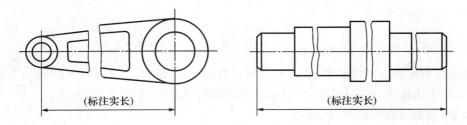

图 5.58　较长机件的简化画法

5.6　表达方法的综合应用

前面介绍了表达机件结构形状的各种方法,包括各种视图、剖视和断面等。画图时应根据机件的结构特点,正确、灵活、综合地选择表达方法。一个机件可以有几个表达方案,通过认真分析比较后,确定一个最佳方案。

确定表达方案要遵循以下原则:在完整、清晰地表达机件各部分结构形状的前提下,力求视图数量最少、绘图简单、看图方便。

表达方案的选择也应通过形体分析法确定,表达方案中的每个视图均有一定的表达重点,又要注意彼此间的联系。图 5.59 是一个阀体的表达方案。因为内部形状比较复杂,故主视图采用全剖,俯视图采用阶梯剖,再配以其他三种视图,即可将该零件表达清楚。

确定机件表达方法的过程是:先对机件进行形体分析,在此基础上确定主视图,然后选择其他视图。

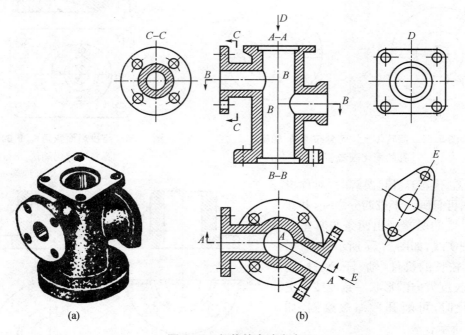

图 5.59　阀体的表达方案

5.7　第三角投影法

国家标准《技术制图》规定,我国采用第一角画法,在国际的技术交流中,常常会遇到用第三角画法绘制的图纸,例如美国、日本采用第三角投影法。本节简要介绍第三角投影法。

1) 第三角投影的概念

两个互相垂直的投影面 V、H 将空间分为四部分,每一部分称为一个分角,如图 5.60(a)所示。将机件放在第三分角内进行投影的方法称为第三角投影法。

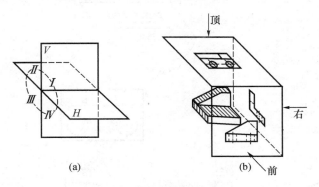

图 5.60　第三角投影的概念

第一角投影法是将机件放在投影面与观察者之间,而第三角投影法却是将投影面放在机件与观察者之间,并假定投影面是透明的,如图 5.60(b)所示。在观察机件时,规定由前向后看所得到的视图称前视图,由上向下看得到的视图称顶视图,由右向左看得到的视图称右视图。

2) 视图的配置

图 5.61 表明了投影面展开的方法和各视图之间的配置。从图中可以看出,顶视图位于前视图的上方,右视图位于前视图的右方。

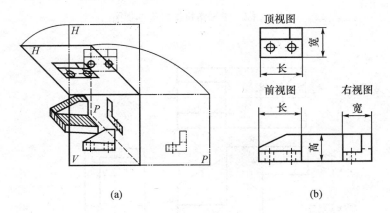

图 5.61　投影面展开的方法和各视图之间的配置

第三角投影的基本视图也有六个,图 5.62 为其展开及配置。图 5.63 是用第三角投影法绘制的前、顶、右三视图,读者可想象其形状。

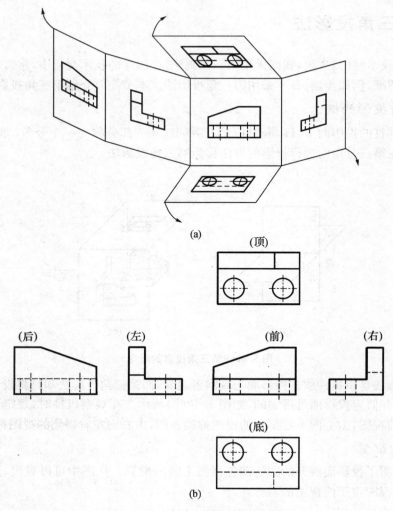

(a)

(b)

图 5.62 第三角投影的基本视图

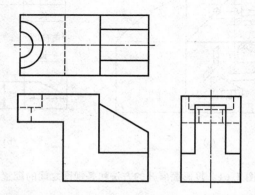

图 5.63 第三角投影法的前、顶、右三视图

5.8　用 AutoCAD 2008 绘制物体剖面线

在剖视图或断面图中剖切平面与物体相交的断面内必须绘制剖面符号。在 AutoCAD 中剖面符号的填充可以非常方便地由一个命令来完成。这就是位于绘图工具条中的图案填充命令。在 AutoCAD 中,可执行图案填充命令的前提条件是需填充剖面符号的周围必须存在一个闭合完好的边界,该边界可以是直线、圆、弧、样条线等任何由 AutoCAD 命令所创建的实体。使用图案填充命令填充的剖面图案可由用户随意指定并可自由地调整其间距及角度。

选择"绘图"|"图案填充"命令(HATCH),将弹出如图 5.64 所示的对话框。

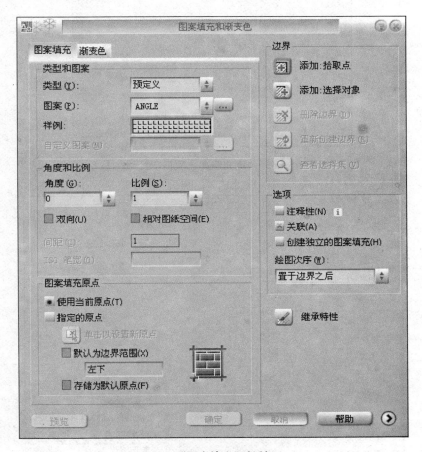

图 5.64　"图案填充"对话框(一)

在图 5.64 所示对话框中点击图案填充标签,可进行剖面线的快速填充。

1) 在类型旁边的窗口中选择剖面线的类型

(1) 预定义型

即使用 AutoCAD 系统中所带的图案库中的图案。只有当用户选择了该选项后,方可在图案旁边带滚动条的窗口中选择图案名称或点击其旁边的按钮调出图 5.65 所示的对话框进行填充图案的选择。

在图 5.65 所示对话框中点击 ANSI 标签,在其所显示的图案中点击 ANSI31(非金属材料的剖面图案为 ANSI37)后点击"确定"按钮,将返回如图 5.66 所示的对话框。

在图 5.66 所示的对话框中图案旁的窗口中剖面图案被定义为 ANSI31。

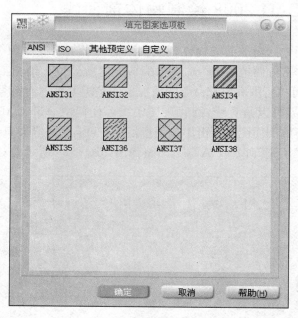

图 5.65 "填充图案选项板"对话框

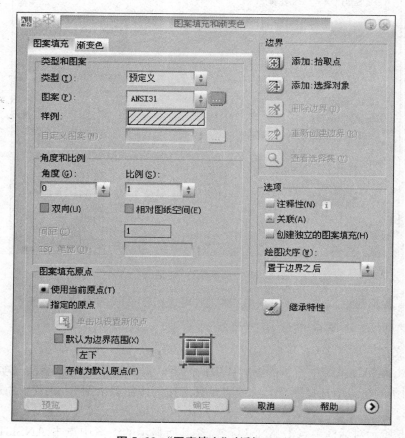

图 5.66 "图案填充"对话框(二)

①样例旁的窗口中显示的是剖面图案的样式。

②角度下的窗口中可以设定剖面图案的倾斜角度。

注：ANSI31 图案本身即为 45°倾斜线。

当用户在对装配图进行剖面图案填充时，相邻两件的剖面图案的剖面线应反向，此时应将角度的值设定为 90°。当需要填充的剖面线的角度为 30°或 60°时，可将角度值设定为 345°或 15°。

③比例下的窗口中设定的是剖面线的间距大小。

（2）用户定义型

即由用户指定剖面图案的样式。

在图 5.67 所示对话框中用户应指定角度和间距。

①在角度旁的窗口中键入图案的倾斜角度（45°或 135°）；

②在间距旁的窗口中键入图案的间距。

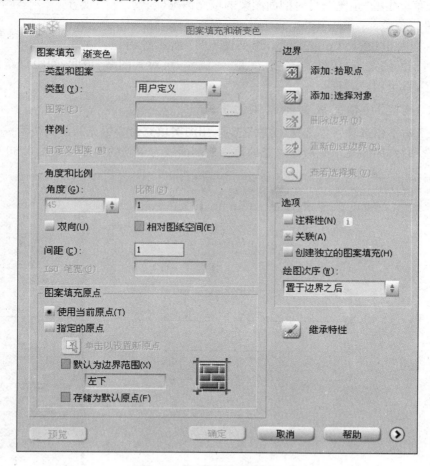

图 5.67　"图案填充"对话框（三）

2）点击 ▨（添加：拾取点）指定填充剖面图案的区域

此时对话框暂时从屏幕上消失，在命令区提示：

拾取内部点或 ［选择对象（S）/删除边界（B）］：

用鼠标指定要填充剖面图案的封闭区域，选择完毕后按＜Enter＞键结束选择。

图 5.67 所示对话框会重新出现在屏幕上,被成功选择的区域边界会变虚。

3) 点击 🔍 (查看选择集),可观察填充剖面图案的选区

按鼠标右键(或<Enter>键)返回如图 5.68 所示的对话框。如用户发现选区有误,可重新进行选择。

操作过程如下:

(1) 重新点击 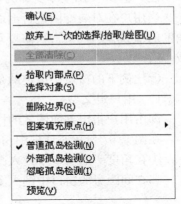 (添加:拾取点),此时对话框暂时从屏幕上消失,在命令区提示:拾取内部点或〔选择对象(S)/删除边界(B)〕:

(2) 点击鼠标右键,出现图 5.68 所示菜单。

(3) 在该菜单中点击"全部清除",全部选区都被清除,命令区重新提示:拾取内部点或〔选择对象(S)/删除边界(B)〕:

(4) 点击菜单中的"预览",可对剖面图案的填充情况(区域、间距、角度)进行预览。

图 5.68　菜单

(5) 按鼠标右键(或<Enter>键),返回图 5.67 所示对话框。如用户对剖面图案(包括图案、角度、间距)不满意,可对其图案、角度、间距重新进行指定,再点击"预览",直至用户满意。

4) 点击"确定"按钮完成剖面图案的填充

在图 5.67 右下角选项下如选择"关联"选项,用图案填充命令填充的剖面线为一个整体;不选择"关联"选项,则用图案填充命令填充的每一条剖面线为单独的实体。如图 5.69 所示。

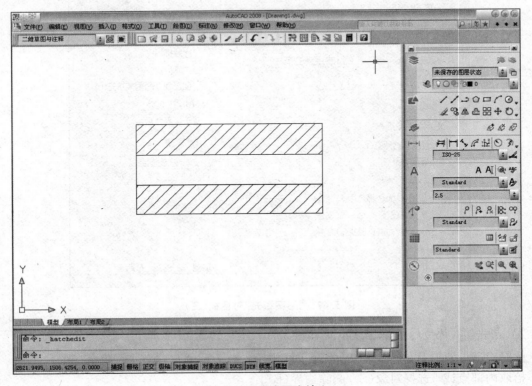

图 5.69　完成图案填充

6 电子电气零件图

在进行电子、电气产品的设计和生产时，必须绘制产品的零件图，以表达零件的形状结构、尺寸大小和技术要求。零件图是制造和检验零件的依据，是生产中重要的技术资料。

6.1 零件图的内容

6.1.1 零件图的作用

在设计阶段，零件图用以表达设计者对零件形状结构的设计意图；在生产和制造阶段，零件图是工人生产和制造零件的全部依据；在产品检验阶段，零件图是产品检验人员检验产品形状结构、尺寸大小以及其他表面质量是否合格的依据。

6.1.2 零件图的内容

一张完整的零件图应当包括的内容如图 6.1 所示。

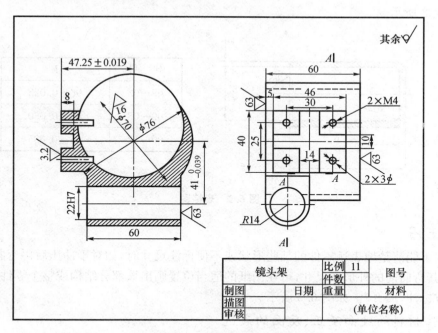

图 6.1 零件图的内容

1）一组视图

零件的结构形状就是依靠这组视图来表达的。设计者应根据零件内外部形状结构的特点，按照国家标准规定的图样的各种表达方法（视图、剖视、断面、局部放大、简化画法等），合理地选择视图表达方案，用最简单的方法将零件的内外形状结构正确、完整、清晰、合理地表达出来。

2）完整的尺寸

图形只能表达零件的形状结构,零件各部分的大小要依靠尺寸标注来表达。因此,零件图中必须正确、完整、清晰、合理地注明便于制造和检验零件所需的全部尺寸。

3）技术要求

即制造零件应达到的技术指标。用规定的符号或文字说明在制造、检验和使用时应达到的要求,如尺寸公差、形位公差、表面粗糙度、镀涂、热处理、检验要求等。

4）标题栏

零件的编号、名称、材料、数量、画图的比例以及设计、制图、描图、审核人员的签名等,都应明确地注写在标题栏中。

6.1.3　电子、电气零件图的特殊要求

由于电子、电气零件自身的结构特点与普通的机械零件有较大的不同,因此,电子、电气零件图有其特殊的表达方法。

1）表格图

对于结构相同和尺寸不同的电子、电气零件可采用绘制表格图的方法来表达,即在该系列产品中选择一种规格按一定比例绘制其视图,尺寸不同的地方标注尺寸代号;在图纸的空白处绘制一个表格,表格中的数据可包括标记、代号、各部分的尺寸、尺寸公差、材料、重量等。如图 6.2 所示。

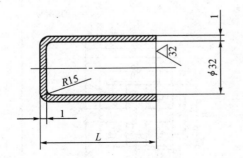

代　号	L
09—03	36 ± 0.025
09—08	62 ± 0.030
09—12	88 ± 0.035

图 6.2　表格图

2）展开图

当视图不能清楚地表达零件的某些形状或不便标注尺寸时,如对于冲压后再弯曲成型的零件,为表达其弯曲前的外形及尺寸,可在图纸的适当位置画出该部分结构或整个零件的展开图,并在其上方标注"展开"。如图 6.3 所示。

3）零件材料的纹向及正、反面的表达

（1）当制造零件的材料有正、反面要求时,应在图样上用汉字注明"正面"或"反面"。如图 6.4 所示。

（2）当制造零件的材料有纹向要求时,应用箭头表示其纹理方向,并注明"纹向"。如图 6.5 所示。

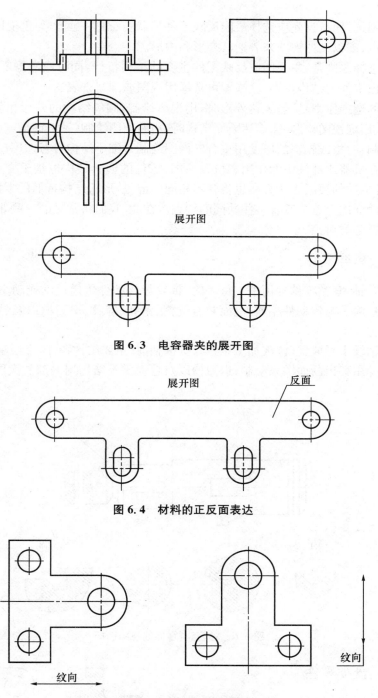

图 6.3 电容器夹的展开图

图 6.4 材料的正反面表达

图 6.5 材料的纹向表达

6.2 零件视图的表达与选择

零件图的视图选择原则是:在完整、清晰地表达零件内外结构的前提下,合理选择国家标准所规定的视图表达方法,力求制图简便。视图一般只画出其可见部分,必要时才画出其不可见部分。

在进行视图选择时,首先应选择最能反映零件形状特征的一面作为主视图,然后根据零件的形状结构特点,配以其他视图来表达其外形和内形。

主视图的选择原则是:主视图应反映零件主要的结构特征,同时应考虑零件的工作位置及加工位置。根据零件的结构特点,主视图可选择用视图或剖视来表达。

其他视图的选择原则是:需表达外形时,用视图绘制,倾斜结构的外形用斜视图绘制;需表达内部结构时,用剖视图绘制;需表达断面结构时,用断面图绘制(轴上键槽或孔、凹坑等结构用移出断面图绘制,肋板或轮辐的厚度用重合断面图绘制);细小结构可考虑用局部放大图绘制。

由于零件在机器或部件中的作用和位置不同,零件的形状结构也是千变万化的。因此,在选择视图时,各零件的视图表达方案也将各不相同。但是,形状结构近似的零件,在视图的选择和表达以及尺寸标注上总是有着一些共同的特点。在此,我们将常见的一些非标准零件的视图选择和表达进行分类讨论。

6.2.1　轴、套类零件

轴和衬套等轴、套类零件常用来支持齿轮、带轮等传动件传递运动或动力。主要由同轴回转体构成,同时,为了与传动件相连,上面常有键槽、销孔、螺纹、退刀槽以及越程槽等结构。主要在车床上加工。

通常选择轴线水平放置(体现加工位置)、键槽朝前(主要结构特征)来绘制主视图;键槽、销孔等结构可选择用移出断面图来绘制;退刀槽以及越程槽等结构用局部放大图绘制。如图6.6所示。

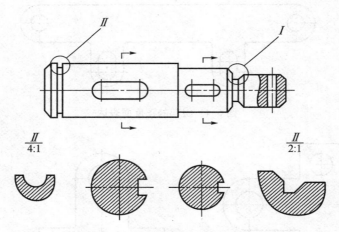

图6.6　轴、套类零件的视图选择

6.2.2　轮、盘类零件

手轮、刻度盘、旋钮、法兰盘、带轮、端盖等轮、盘类零件大多为扁平盘状结构,为了与其他零件相连,常带有凸缘以及均匀分布的孔、槽、肋、轮辐等结构。主要在车床上加工。

通常选择轴线水平放置(体现加工位置)并采用全剖视图绘制其主视图;用左视图(或右视

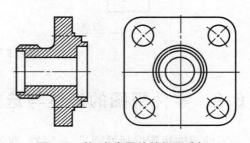

图6.7　轮、盘类零件的视图选择

图）表达其外形轮廓以及孔、槽、肋、轮辐的分布情况。如图 6.7 所示。

6.2.3 叉、架类零件

拨叉、支架、支座、轴承座和踏脚座等叉、架类零件大多用于支撑其他零件，结构较为复杂，常由铸造后再加工获得。

通常选择其工作位置并反映零件主要结构特征的一面绘制其主视图，再根据零件的结构特点配合其他视图、剖视等表达方法表达其形状结构。叉、架类零件的形状结构通常需要两个以上的视图才能表达清楚，如图 6.8 所示。

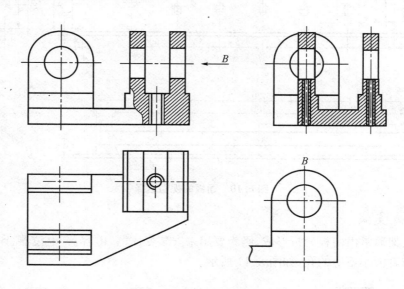

图 6.8 叉、架类零件的视图选择

6.2.4 箱体类零件

阀体、泵体、箱体等箱体类零件常用来包容和支撑运动机件，通常有比较复杂的内部结构，大多由铸造获得。

通常选择其工作位置并反映零件主要结构特征的一面绘制其主视图，再根据零件的结构特点配合其他视图、剖视等表达方法表达其形状结构。箱体类零件的形状结构通常需要三个或三个以上的视图才能表达清楚，如图 6.9 所示。

6.2.5 薄板类零件

面板、底板、支架以及电子工业使用的机箱等薄板类零件大多由薄板经冲压、弯折形成。

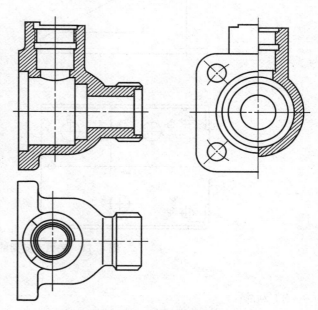

图 6.9 箱体类零件的视图选择

1）面板

面板上通常用来安装各种表头、电位器、开关、旋钮等，因此其主要结构为大小不等的孔，如图6.10所示。

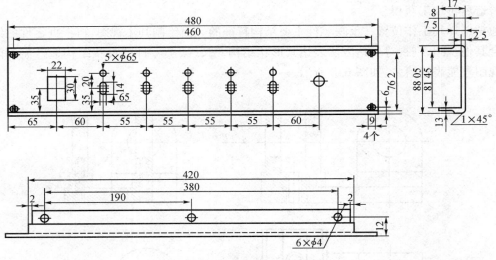

图 6.10　面板的视图选择

2）底板或支架

底板或支架通常由薄板弯折形成，因为要用来安装变压器、电容器、电位器、印制电路板等，因此上面分布着大小不等的孔，如图 6.11 所示。

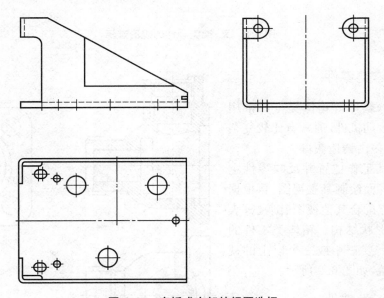

图 6.11　底板或支架的视图选择

3）机箱

机箱的视图如图 6.12 所示。

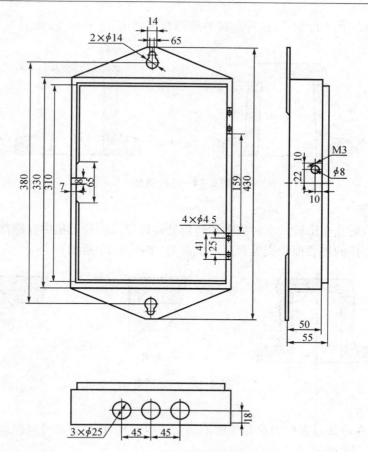

图 6.12 机箱的视图选择

6.2.6 镶嵌类零件

将金属与非金属材料镶嵌在一起即形成镶嵌类零件(如旋钮)。镶嵌类零件的形状结构大多同轮盘类零件。

镶嵌类零件的视图表达与轮盘类零件类似,但应注意金属材料与非金属材料的剖面符号的区别,如图 6.13 所示。

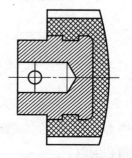

图 6.13 镶嵌类零件的视图选择

6.3 零件图上常见的工艺结构及尺寸标注

6.3.1 零件图上常见的工艺结构

零件的形状结构是由其在机器或部件中的位置和作用决定的,但同时还要受到加工工艺的制约和影响。因此,在绘制零件图时,应使零件上的结构既能满足使用上的要求,又要方便制造。

1)铸造零件的工艺结构

(1)起模斜度

用铸造方法制造零件毛坯时,为了便于在砂型中取出木模,一般沿起模方向做成 1:20 的斜度,称为起模斜度。在零件图中,这种起模斜度通常不画出,也不标注,如图 6.14 所示。

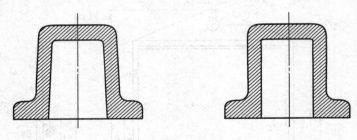

图 6.14　起模斜度

（2）铸造圆角

为方便起模,防止在浇铸铁水时将砂型转角处冲坏以及因应力集中在冷却时产生裂纹和缩孔,在铸造毛坯零件的各表面相交处都应做成圆角,如图 6.15 所示。

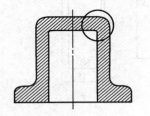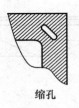

缩孔

图 6.15　铸造圆角

（3）铸件壁厚

为防止铸件在冷却过程中因冷却速度不同而产生缩孔,铸件各部分壁厚应尽量保持均匀或均匀变化,如图 6.16 所示。

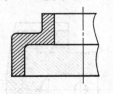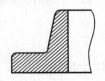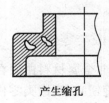

产生缩孔

图 6.16　铸件壁厚

2）机件加工常见的工艺结构

（1）倒角和倒圆

为去除零件的毛刺、锐边和便于安装,在轴端和孔口一般加工成倒角;为避免应力集中而产生裂纹,在轴肩处通常加工成圆角过渡的形式,称为倒圆。如图 6.17 所示。

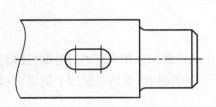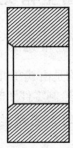

图 6.17　倒角和圆角

（2）螺纹退刀槽和砂轮越程槽

在车削螺纹和磨削时，为了便于退出刀具和在装配时易于与其他零件保持良好接触，通常在加工表面的台肩处先加工出退刀槽或越程槽，如图 6.18 所示。

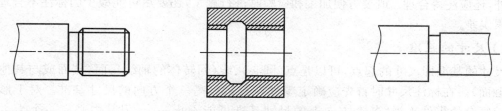

图 6.18　退刀槽或越程槽

其结构和尺寸可查阅有关标准。

（3）钻孔结构

因钻头顶部有约 118°的锥角，因此在钻盲孔时，在钻孔底部会形成一个锥坑，通常画成120°。钻孔深度不包括锥坑。在阶梯孔的过渡处也存在 120°的锥台，如图 6.19 所示（注意：120°的锥台、锥坑通常不标出）。

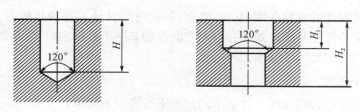

图 6.19　钻孔结构

为便于加工，钻孔的轴线应与零件表面垂直，如图 6.20 所示。

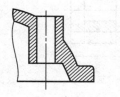

图 6.20　钻孔的轴线应与零件表面垂直

（4）凸台、凹坑和凹槽

为保证良好接触并减少加工面，常在零件上与其他零件接触的表面做出凸台、凹坑和凹槽等结构，如图 6.21 所示。

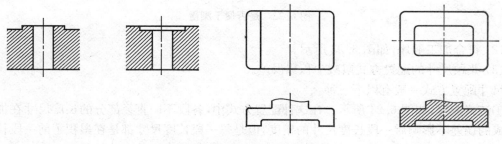

图 6.21　凸台、凹坑和凹槽

6.3.2　零件上的尺寸标注

零件图中的尺寸是制造和检验零件的依据。因此,零件图上的尺寸标注除要求完整、正确、清晰外,还应注得合理。既要方便加工和检验时进行测量,还要尽可能减少因标注不合理造成的积累误差。

1)尺寸的基准

尺寸的基准即尺寸的起点,可以是点(圆心)、线(回转体的轴线)、面(端面或与其他零件的接触面)。在标注尺寸时首先应确定零件在长、宽、高三个方向的尺寸基准。对于形状结构比较复杂的零件来说,各个方向上的尺寸基准可能不止一个,但其中必有一个为主要基准,其余为从主要基准出发得到的辅助基准。一般来说,应选择设计时确定零件表面位置的基准(也称设计基准)或加工(或测量)时确定零件在机床夹具上(或量具中)位置的基准(也称工艺基准)作为主要基准,并尽量使设计基准与工艺基准重合。如果两者不能重合,选择设计基准为主要基准,即重要尺寸(如零件上反映机器或部件规格性能的尺寸、与其他零件间的配合尺寸、有装配要求的尺寸等)从主要基准直接给出,以保证设计要求,其他尺寸则可从工艺基准给出。

通常选择安装零件的对称平面、基面、端面、装配时与其他零件的接触面、零件中主要回转体的轴线等作为主要尺寸基准。如果在一个方向上的基准不好确定时,通常选择表面粗糙度高度参数较小的面作为主要尺寸基准。

2)尺寸的合理性

尺寸的合理性是在合理选择尺寸基准的前提下符合以下要求:

(1)既要符合零件的设计要求,又要便于加工和检验时进行测量。如图 6.22 所示。

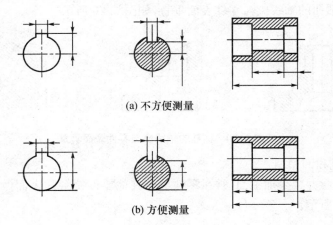

(a)不方便测量

(b)方便测量

图 6.22　是否便于测量

(2)符合加工顺序,如图 6.23 所示。

(3)兼顾尺寸的配置方式以减少积累误差。

尺寸配置方式一般有以下三种:

①链式配置,如图 6.24 所示。在这种配置方式中,各段不同直径部分的长度尺寸在加工时所造成的误差不影响后一段长度尺寸的精度,但是每一段长度尺寸都是在累积了前一段长度尺寸加工时造成的误差的基础上进行的,因此总长度是各段长度尺寸误差的累积。

②基准式配置,如图 6.25 所示。在这种配置方式中,任一尺寸的加工误差不会影响其他尺寸的精度,但是,各段不同直径部分的长度却是其两端面长度加工误差的累积,因此,重要尺寸的误差为累积误差,无法确保其精度。

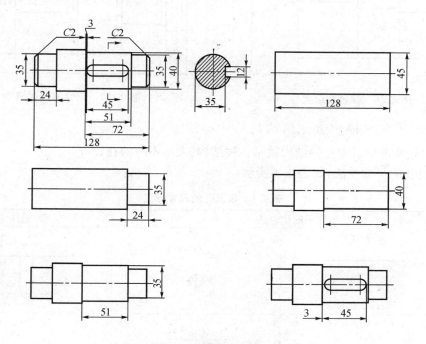

图 6.23 符合加工顺序

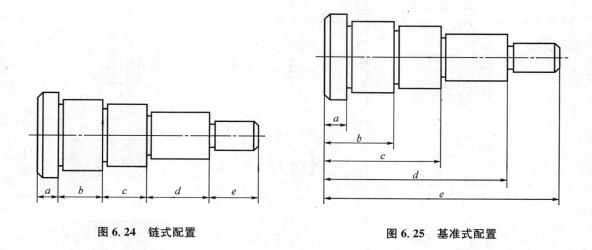

图 6.24 链式配置

图 6.25 基准式配置

③综合式配置,如图 6.26 所示。在这种配置方式中,总长度尺寸误差不积累;重要尺寸从主要基准出发直接标出,可以保证重要尺寸的误差不积累。因此,综合式配置方式较以上 2 种配置方式更为合理。

(4) 尺寸不能封闭。

即在按链式配置方式进行尺寸标注时,如果已经标注了各分段尺寸再标注总体尺寸,则尺寸即为封闭。应当将不太重要的一个分段尺寸去掉,如图 6.27 所示。

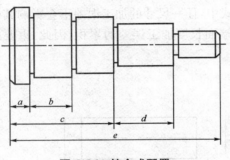

图 6.26　综合式配置

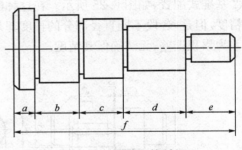

图 6.27　尺寸不能封闭

4) 电子、电气零件中常见结构的尺寸标注

电子、电气零件中最常见的结构就是各种结构、大小不一的孔。

(1) 常见孔的尺寸注法,如表 6.1 所示。

表 6.1　常见孔的尺寸标注

类　型	简化注法		普通注法
光孔	2×φ4▼12	2×φ4▼12	2×φ4
	2×锥销孔φ4 配作	2×锥销孔φ4 配作	
螺孔	3×M6-7H▼10	3×M6-7H▼10	3×M6-7H
沉孔	4×φ7 ∨φ13×90°	4×φ7 ∨φ13×90°	90° φ13 4×φ7
	φ12<φ64	4×φ64 ⌴φ12▼45	12 45 4×φ64
	4×φ9 ⌴φ12	4×φ9 ⌴φ12	φ12⌴ 4×φ9

（2）同一图形中具有几种尺寸数值相近而又重复的孔。

①可采用标记（如涂色）的方法来区别，如图 6.28 所示。

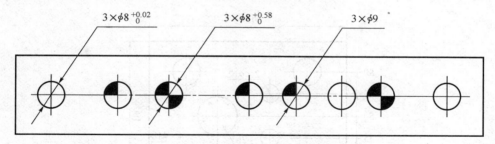

图 6.28 用涂色标记的方法标注孔的尺寸

②也可采用标注字母的方法来区别，如图 6.29 所示。

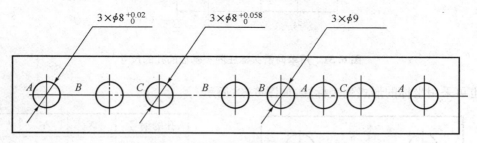

图 6.29 用标注字母的方法标注孔的尺寸

（3）孔的数量可直接标注在图形上，也可用列表的形式表示，如图 6.30 所示。

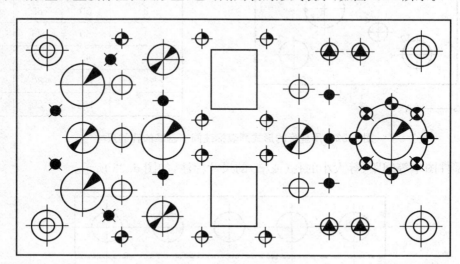

孔的标记	◴	◴	⊕	●	⊙	◔	●
数量	4	4	5	4	10	B	9
尺寸	$\phi 14$	$\phi 10$	$\phi 6$	$\phi 5$	$\phi 3$	M4—7H	M3—7H

图 6.30 用列表的形式标注孔的尺寸

（4）由同一基准出发的空的尺寸。

①可采用单向箭头来标注，如图 6.31 所示。

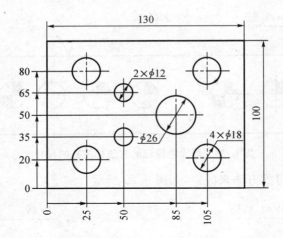

图 6.31　用单向箭头标注同一基准的孔的尺寸

②也可采用坐标的形式列表标注，如图 6.32 所示。

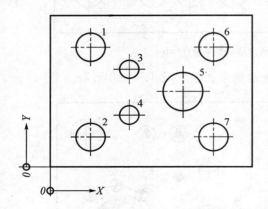

孔的编号	X	Y	ϕ
1	25	80	18
2	25	20	18
3	50	65	12
4	50	35	12
5	85	50	26
6	105	80	18
7	105	20	18

图 6.32　用坐标的形式列表标注同一基准的孔的尺寸

（5）零件图中等间距、等大小的孔（或槽）的尺寸标注，如图 6.33 所示。

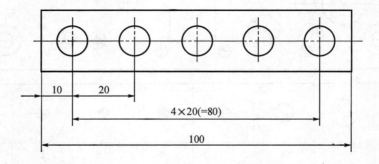

图 6.33　等间距、等大小的孔的尺寸标注

6.4 零件图的技术要求

零件图是制造和检验零件的重要依据。除表达零件内外形状结构的一组视图和注明其各部分形状大小的全部尺寸外,还包括零件应达到的技术要求,如表面粗糙度、尺寸公差、形状和位置公差、表面镀涂、材料与热处理以及其他用文字说明的制造要求等。

本节将介绍表面粗糙度、尺寸公差、形位公差的基本概念及其在零件图中的标注方法。

6.4.1 表面粗糙度

1) 表面粗糙度的概念

经过加工后的零件表面用肉眼看无论多么光滑,将其放到显微镜下观察,都是凹凸不平的,如图 6.34 所示。

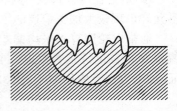

图 6.34 显微镜下的零件表面

零件表面上这种具有较小间距和峰谷所组成的微观几何形状特性,称为表面粗糙度。这种间距较小的轮廓峰谷是因加工时零件表面的刀痕以及切削分裂时零件表面的塑性变形等影响而造成的。

表面粗糙度是评价零件表面质量的一项重要的技术指标。表面粗糙度不仅影响零件的机械性能(配合性、耐磨性、抗腐蚀性、密封性、外观要求等),还会影响零件的电气参数(高频传输阻抗)。一般来说,零件上有配合要求或有相对运动的表面,表面粗糙度要求较高。零件表面粗糙度要求越高(表面粗糙度参数越小),其加工成本也越高。因此,应在满足零件表面功能的前提下合理选择表面粗糙度参数。

2) 表面粗糙度参数

评定零件表面粗糙度的参数有三种:轮廓算术平均偏差 R_a,轮廓微观不平度 10 点高度 R_z,轮廓最大高度 R_y。如图 6.35 所示。

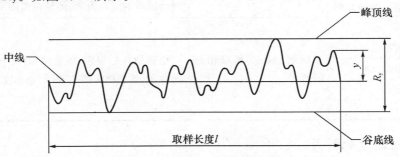

图 6.35 零件表面的轮廓曲线

(1) 轮廓算术平均偏差 R_a

R_a 是指在零件表面的一段取样长度 l 内轮廓偏距绝对值的算术平均值,即

$$R_a = \frac{1}{l}\int_0^l |y(x)|\,\mathrm{d}x$$

或近似为:

$$R_a = \frac{1}{n}\sum_{i=1}^n |y_i|$$

式中:y 为轮廓偏距,是指轮廓线上的点到中线的距离,中线以上 y 值为正,中线以下 y 值为负。

中线是具有几何轮廓形状并划分轮廓的基准线。在中线上,轮廓线上各点的轮廓偏距的平方和最小。

(2)轮廓微观不平度十点高度 R_z

R_z 是指在取样长度 l 内 5 个轮廓最大峰高 y_p 与 5 个轮廓最大谷深 y_v 的平均值之和,即

$$R_z = \frac{\sum\limits_{i=1}^{5} y_{pi} + \sum\limits_{i=1}^{5} y_{vi}}{5}$$

(3)轮廓最大高度 R_y

R_y 是指在取样长度 l 内轮廓峰顶线与轮廓谷底线之间的距离。该参数主要用来评定那些不允许出现较大加工痕迹的零件表面。

通常以轮廓算术平均偏差 R_a 作为零件表面粗糙度的评定参数。国家标准对轮廓算术平均偏差 R_a 的高度评定参数进行了标准化规定。现将轮廓算术平均偏差 R_a 的标准、对应的表面特征、加工方法及应用列于表 6.2 中,供选用时参考。

表 6.2　R_a 数值及应用举例

R_a	表面特征	主要加工方法	应用举例
50	明显可见刀痕	粗车、粗铣、粗刨、钻、粗纹锉刀和粗砂轮	一般很少应用
25	可见刀痕		
12.5	微见刀痕	粗车、刨、立铣、平铣、钻	不接触表面、不重要的接触面
6.3	可见加工痕迹	粗车、粗铣、粗刨、铰、镗、粗磨等	没有相对运动的零件接触面,如箱、盖、套筒要求紧贴的表面、键和键槽工作表面;相对运动速度不高的接触面,如支架孔、衬套、带轮轴孔的工作表面
3.2	微见加工痕迹		
1.6	看不见加工痕迹		
0.80	可辨加工痕迹方向	粗车、粗铰、粗拉、精镗、精磨等	要求很好密合的零件接触面,如与滚动轴承配合的表面、键销孔等;相对运动速度较高的接触面,如滑动轴承的配合表面、齿轮轮齿的工作表面等
0.40	微辨加工痕迹方向		
0.20	不可辨加工痕迹方向		
0.10	暗光泽面	研磨、触光、超级粗细研磨等	粗密量具的表面、极重要零件的摩擦面,如汽缸内表面、轴密机床的主轴颈、坐标镗床的主轴颈等
0.05	亮光泽面		
0.025	镜状光泽面		
0.012	雾状镜面		
0.006	销面		

3)表面粗糙度的符号、代号

(1)表面粗糙度的符号,如表 6.3 所示。

表 6.3　表面粗糙度的符号

符　号	意　　义
	$H_1 = 1.4h$,$H_2 = 2H_1$,h 为字高

符　号	意　义
$\sqrt{}$	基本符合,表示表面可用任何方法获得,单独使用该符号仅适用于简化代号标注
$\sqrt{}$	基本符号上加一短划,表示表面是用去除材料的方法获得,如车、铣、钻、刨、剪切、抛光、腐蚀、电火花加工等
$\sqrt{}$	基本符号上加一小圆,表示表面是用不去除材料的方法获得,如铸锻、冲压、热轧、冷轧、粉末冶金等,或保持原供应状况(包括保持上道工序的状况)的表面

(2) 表面粗糙度高度参数的代号

零件的表面粗糙度要求是以代号的形式标注在零件图中。表面粗糙度的代号由表面粗糙度符号与表面粗糙度高度参数组成,如表 6.4 所示。

表 6.4　表面粗糙度高度参数的代号

符　号	意　义
$\sqrt{}^{3.2}$	用任何方法获得的表面粗糙度,R_a 的上限值为 3.2 μm
$\sqrt{}^{3.2}$	用去除表面材料的方法获得的表面粗糙度,R_a 的上限值为 3.2 μm
$\sqrt{}^{32}$	用不去除表面材料的方法获得的表面粗糙度,R_a 的上限值为 3.2 μm
$\sqrt{}^{32}_{1.6}$	用去除表面材料的方法获得的表面粗糙度,R_a 的上限值为 3.2 μm,下限值为 1.6 μm

如果表面粗糙度的高度参数为 R_a,则在其标注数值前无须加注任何标记。

4) 表面粗糙度的代号标注

(1) 图样上所注的表面粗糙度代(符)号是指该表面完工后的要求。表面粗糙度代(符)号一般注在可见轮廓线、尺寸界线、引出线或它们的延长线上。符号的尖端必须从材料的外部指向零件的表面,数字的大小、方向与尺寸数字相同。在同一图样中,每一表面一般只注一次代(符)号并尽可能靠近有关的尺寸线。如图 6.36 所示。

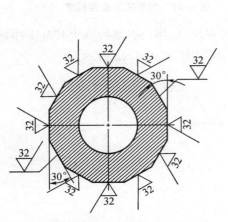

图 6.36　表面粗糙度代(符)号的方向

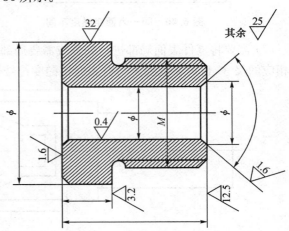

图 6.37　大部分表面粗糙度相同

（2）当零件的大部分表面具有相同的粗糙度要求时，对其中使用最多的一种代（符）号可统一注在图样的右上角，并加注"其余"两字，高度应比视图中大一号，如图 6.37 所示。

（3）当零件所有表面具有相同的粗糙度要求时，其代（符）号可在图样的右上角统一标注，高度应比视图大一号，如图 6.38 所示。

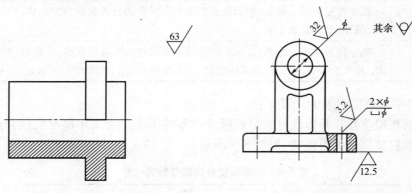

图 6.38　表面粗糙度相同　　　　　**图 6.39　不连续表面粗糙度相同**

（4）零件上的连续表面和用细实线连接的不连续表面，其表面粗糙度代（符）号只注一次，如图 6.39 所示。

（5）同一表面上有不同的粗糙度要求时，必须用细实线画出其分界线，并注出相应的代（符）号和尺寸，如图 6.40 所示。

（6）齿轮的表面粗糙度代（符）号应注在其分度线上，如图 6.41 所示。

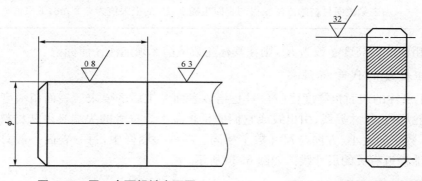

图 6.40　同一表面粗糙度不同　　　　　**图 6.41　齿轮的表面粗糙度**

（7）需要将零件表面局部进行处理或需要局部镀（涂）覆时，应用粗点画线画出其范围并标注相应的尺寸，也可将其要求写在表面粗糙度符号长边的横线上，如图 6.42 所示。

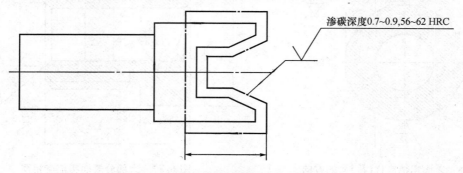

图 6.42　局部镀（涂）覆时的表面粗糙度

(8) 当标注复杂或标注位置受到限制时,可用简化代(符)号标注,但要在标题栏附近说明这些简化代(符)号的意义,高度应比视图中大一号,如图6.43所示。

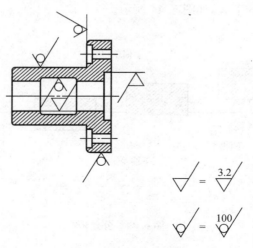

图 6.43 简化标注

6.4.2 公差与配合

公差与配合是零件图和装配图中一项重要的技术要求,也是检验产品质量的技术指标,它保证了零件的互换性。

1) 零件的互换性

所谓互换性,是指从一批相同规格的零件中任意取出一件,不经任何修配就能立即安装到机器上,并能保证使用要求。零件的这种在尺寸和功能上可以互相代替的性质称为互换性。现代化工业生产要求零件具有互换性。

为使零件具有互换性,并不要求零件的尺寸做得绝对准确,而只是要求在一个合理的范围内,这个合理的范围就是国标所规定的尺寸公差。GB/T 1800.1-1997、GB/T 1800.2-1998、GB/T 1800.3-1998、GB/T 1800.4-1999《极限与配合》为零件具有互换性提供了保证。

2) 尺寸公差

尺寸公差的标注形式例如:$\phi 50^{0.064}_{0.025}$

(1) 基本尺寸:设计给定的尺寸(如 $\phi 50$)。

(2) 实际尺寸:实际测量所得尺寸。

(3) 极限尺寸:允许尺寸变化的两个界限值,允许尺寸的上限值为最大极限尺寸(如50.064),允许尺寸的下限值为最小极限尺寸(如 50.025)。

(4) 尺寸偏差:某一尺寸减其基本尺寸所得的代数差。

最大极限尺寸与基本尺寸的代数差称为上偏差。孔的上偏差为 ES(如 0.064),轴的上偏差为 es。

最小极限尺寸与基本尺寸的代数差称为下偏差。孔的下偏差为 EI(如 0.025),轴的下偏差为 ei。

(5) 尺寸公差:允许尺寸的变动量。等于最大极限尺寸与最小极限尺寸之差(IT=ES-EI),或等于上偏差减去下偏差(IT=es-ei)。

（6）零线：在公差带图中用一条水平线代表基本尺寸。

（7）公差带：在公差带图中由代表上、下偏差的两条直线所限定的一个区域。正偏差在零线的上方，负偏差在零线的下方，如图 6.44 所示。

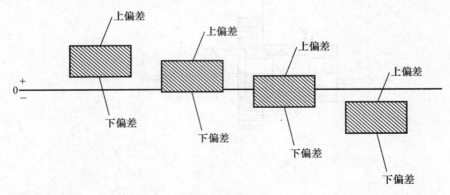

图 6.44 公差带

3）公差带代号

（1）公差带代号的组成

公差带代号由基本偏差代号（用拉丁字母表示，大写表示孔，小写表示轴）和标准公差等级（用阿拉伯数字表示）组成。例如：$\phi50H7$。其中，基本偏差"H"用来确定公差带位置，标准公差"7"用来确定公差带的大小。

（2）标准公差

标准公差是国家标准规定的用以确定公差带大小的任一公差。共分为 20 个等级：IT01，IT0，IT1，…，IT18。其中，IT 表示标准公差，不标注在公差带代号中；后面的数字代表标准公差的等级，标注在基本偏差代号后面。标准公差反映了尺寸的精度等级。精度等级越高，公差数值越小；精度等级越低，公差数值越大。其中：IT01 的精度等级最高，公差数值最小；IT18 的精度等级最低，公差数值最大。对于同一基本尺寸，标准公差代号中的数值越小，其精度等级越高，公差数值越小；对于同一等级的标准公差，基本尺寸越小，公差数值越小。

标准公差的大小与基本尺寸的大小有关，但与零件的结构无关，即同一基本尺寸的轴与孔的标准公差相同。

（3）基本偏差

基本偏差是国家标准规定的用以确定公差带位置的一个极限偏差，一般指靠近零线的那个偏差。共有 28 个系列。零线上方的基本偏差大于 0，开口向上，基本偏差为下偏差；零线下方的基本偏差小于 0，开口向下，为上偏差。

基本偏差与基本尺寸的大小以及零件的结构都有关，即同一基本尺寸的轴和孔的基本偏差不同，如图 6.45 所示。

如图 6.45 所示，对于孔来说：

①基本偏差 A～H，开口向上，大于 0，基本偏差为下偏差；

②基本偏差 J～ZC，开口向下，小于 0，基本偏差为上偏差。

对于轴来说，则正好相反：

①基本偏差 a～h，开口向上，小于 0，基本偏差为下偏差；

②基本偏差 j～zc，开口向下，大于 0，基本偏差为上偏差。

基本偏差 JS(或 js)的公差带对称分布于零线两侧,上、下偏差分别为 $+\dfrac{T}{2}$、$-\dfrac{T}{2}$。

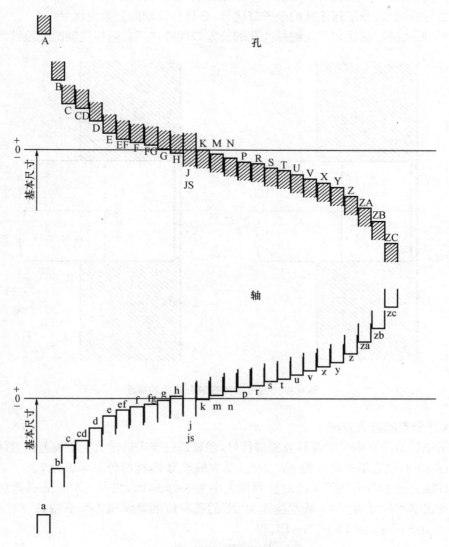

图 6.45 基本偏差

(4) 尺寸公差在零件图中的标注

尺寸公差在零件图中的标注如图 6.46 所示。有以下三种形式:

① 基本尺寸+公差带代号;

② 基本尺寸+上、下偏差;

③ 基本尺寸+公差带代号+上、下偏差。

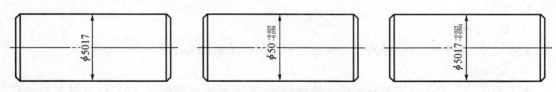

图 6.46 尺寸公差在零件图中的标注

（5）尺寸公差在装配图中的标注

尺寸公差在装配图中的标注，如图 6.47 所示。有以下两种形式：

①注成分数形式，分子标注孔的公差带代号，分母标注轴的公差带代号。

②用"/"形式进行标注，"/"左侧标注孔的公差带代号，"/"右侧标注轴的公差带代号。

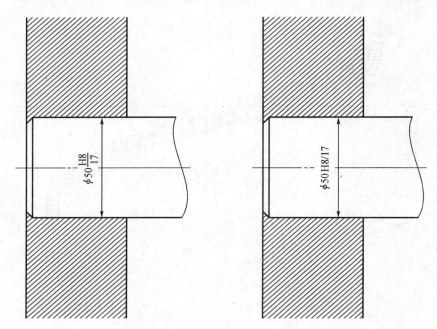

图 6.47　尺寸公差在装配图中的标注

（6）尺寸公差的查表方法

如果图中仅给出基本尺寸及其公差带代号，需要通过查表确定其上下偏差的具体数值。

例如：$\phi50F8$，代表基本尺寸为 $\phi50$ 的孔，基本偏差为 F，标准公差等级为 7。

先从标准公差中查出"50"对应的公差带大小为 39 μm，即：IT＝0.039 mm；再从孔的基本偏差表中查出基本尺寸为"50"、基本偏差为"F"的孔对应的基本偏差为下偏差，EI＝＋25 μm，即：EI＝＋0.025 mm。由 IT＝ES－EI，得

$$ES＝EI＋IT＝＋0.064 \text{ mm}$$

故知：基本尺寸为 $\phi50$、基本偏差为 F、标准公差等级为 7 的孔的上偏差为＋0.064 mm，下偏差为＋0.025 mm。

此外，对于国家标准规定的优先配合中的尺寸公差带代号，可以用速查表直接查出某一基本尺寸的轴或孔所对应的上、下偏差。方法是：在水平方向找到基本尺寸所在的行，然后再去查找该公差带代号所对应的列，在行与列的相交处，即可查得该尺寸所对应得上、下偏差。

4）配合

（1）配合的概念

基本尺寸相同的相互结合的孔与轴公差带之间的关系称为配合。

（2）配合的种类

由于相互结合的孔与轴的基本尺寸虽然相同，实际尺寸并不相同，并且因此装配后的孔与轴之间有松有紧。因使用要求不同，不同零件之间在装配时的松、紧要求也不同。

①间隙配合：轴与孔之间有间隙的配合。在公差带图中,孔的公差带在轴的公差带之上,如图 6.48 所示。

图 6.48 间隙配合

②过盈配合：轴与孔之间有过盈的配合。在公差带图中,轴的公差带在孔的公差带之上,如图 6.49 所示。

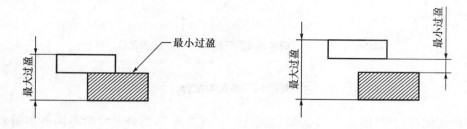

图 6.49 过盈配合

③过渡配合：轴与孔之间可能有间隙也可能有过盈的配合。在公差带图中,轴的公差带和孔的公差带有相互交叠的部分,如图 6.50 所示。

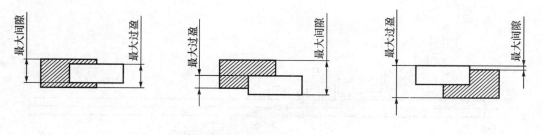

图 6.50 过渡配合

（3）配合的制度

国家标准对配合规定了两种制度：基孔制和基轴制。

①基孔制配合：基本偏差为 H 的孔（基准孔,下偏差为 0）的公差带与不同基本偏差的轴的公差带之间形成各种配合的制度,如图 6.51 所示。

由图中可以看出：

基本偏差为 a～h 时,孔的公差带在轴的公差带之上,即属于间隙配合；

基本偏差为 j～n 时,轴的公差带和孔的公差带有相互交叠的部分,即属于过渡配合；

基本偏差为 p～zc 时,轴的公差带在孔的公差带之上,即属于过盈配合。

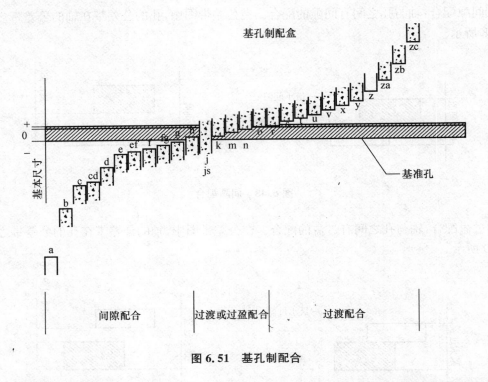

图 6.51　基孔制配合

②基轴制配合：基本偏差为 H 的轴（基准轴，上偏差为 0）的公差带与不同基本偏差的孔的公差带之间形成各种配合的制度，如图 6.52 所示。

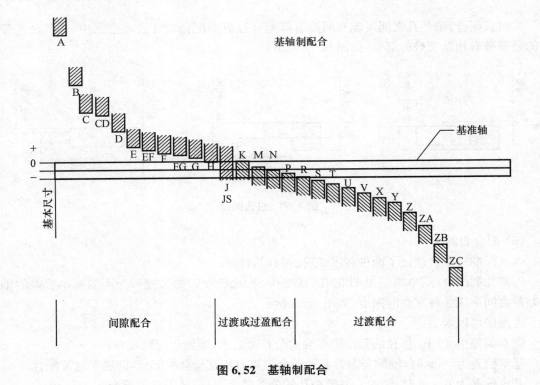

图 6.52　基轴制配合

由图中可以看出：

基本偏差为 A～H 时，孔的公差带在轴的公差带之上，即属于间隙配合；

基本偏差为 J～N 时，轴的公差带和孔的公差带有相互交叠的部分，即属于过渡配合；

基本偏差为 P～ZC 时，轴的公差带在孔的公差带之上，即属于过盈配合。

（4）优先配合

国家标准在最大限度满足生产需要的前提下，考虑到各种产品的不同特点，制订了优先及常用的配合。本书只摘录了基孔制和基轴制优先配合（见表 6.5），常用配合请查阅相应的国家标准。

表 6.5 基孔制和基轴制优先配合

配合类型	基孔制优先配合	基轴制优先配合
间隙配合	$\dfrac{H7}{g6}$、$\dfrac{H7}{h6}$、$\dfrac{H8}{I7}$、$\dfrac{H8}{h7}$、$\dfrac{H9}{d9}$、$\dfrac{H9}{b9}$、$\dfrac{H11}{c11}$、$\dfrac{H11}{b11}$	$\dfrac{G7}{b6}$、$\dfrac{H7}{b6}$、$\dfrac{H8}{h7}$、$\dfrac{H8}{h7}$、$\dfrac{D9}{b9}$、$\dfrac{H9}{h9}$、$\dfrac{C11}{b11}$、$\dfrac{H11}{h11}$
过渡配合	$\dfrac{H7}{h6}$、$\dfrac{H7}{h6}$	$\dfrac{K7}{h6}$、$\dfrac{N7}{h6}$
过盈配合	$\dfrac{H7}{p6}$、$\dfrac{H7}{s6}$、$\dfrac{H7}{h6}$	$\dfrac{P7}{h6}$、$\dfrac{S7}{h6}$、$\dfrac{H7}{h6}$

6.4.3 形位公差

1）形位公差的概念

形位公差是形状和位置误差的简称，是指零件的实际形状和实际位置对理想形状和理想位置允许的尺寸变动量。经过加工后的零件，不仅会产生尺寸公差，而且会产生表面的形状和位置公差，这些都会影响零件的使用性能。对于一般零件来说，零件的形状和位置公差可由尺寸公差及机床的加工精度来保证，但对有特殊要求的零件的特殊部位还必须指定其形位公差要求。

2）形位公差项目的符号

形状和位置公差共有 14 项。其中形状公差 6 项，位置公差 8 项（见表 6.6）。

表 6.6 形位公差项目的符号

分 类	名 称	符 号	分 类	名 称	符 号
形状公差	直线度	—	位置公差	平行度	//
	平面度	▱	定向	垂直度	⊥
	圆度	○		倾斜度	∠
	圆柱度	/◌/	定位	同轴度	◎
	线轮廓度	⌒		对称度	≡
	画轮廓度	◠		位置度	⊕
			跳动	圆跳动	↗
				全跳动	↗↗

3）形位公差代号

形位公差代号由细实线绘制的矩形框格及指引线、形位公差符号、形位公差数值、基准代号组成。框格内字体的高度与图样中的尺寸数字等高。如图 6.53 所示。

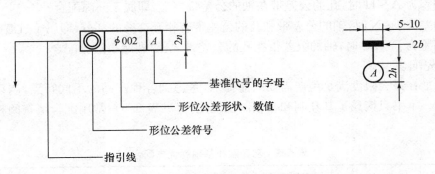

图 6.53　形位公差代号与基准代号

4）形位公差的标注

如果被测要素为零件表面,形位公差框格指引线的箭头应垂直地指向被测表面的轮廓线或其延长线;如果被测要素为某轴线,则形位公差框格指引线的箭头应与该要素所对应的尺寸线对齐,如基准要素是轴线,应将基准符号与该要素所对应的尺寸线对齐。如图 6.54 所示。

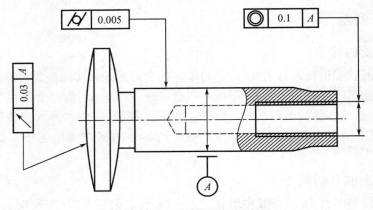

图 6.54　形位公差的标注

6.5　读零件图的方法

工科各专业的专业技术人员都应具备一定的阅读零件图的能力。通常阅读零件图的主要目的是要了解零件的名称、材料、功能、形状结构、质量要求、设计者的设计意图以及加工方法。本节将介绍读零件图的一般方法和步骤。

1）读标题栏,概括了解

看一张零件图,首先应从阅读标题栏开始。通过阅读标题栏了解零件的名称、材料、画图比例等信息。

2）分析视图,想象零件的结构形状

分析视图是读零件图的重点内容。了解各视图的名称、表达方法及表达重点。从主视图开始,配合其他视图,结合形体分析法和线面分析法,由大到小、由外向内、由整体到局部逐步想象出零件的结构形状以及各部分结构的作用。

3) 分析尺寸，了解技术要求

了解各方向的尺寸基准以及各部分的定形、定位和总体尺寸。了解各配合的尺寸公差、有关的形位公差、各表面的粗糙度要求以及其他技术要求。

4) 将以上内容进行综合归纳

将看懂的零件的形状结构、尺寸和公差、表面粗糙度以及其他各项技术要求进行综合归纳，就得到对于整个零件结构、功能的认识。

6.6 用 AutoCAD 2008 的图块创建标准件和常用件

将本来不是一个实体的多个实体定义为一个整体，那么这个整体就被称作图块。当点击图块中的任一实体时，整个图块中的实体都将被拾取到。被定义为图块的多个实体具有共同的属性，并且可以方便地以任意角度、任意比例插入到指定位置。定义图块可以为用 AutoCAD 2008 画图带来很多方便。可以巧妙地利用图块的特性将常用的一些图形（如标准件、常用件）定义成图块，并将其写入文件，这样就可以以插入图块的方式方便对其进行调用。下面以六角螺栓为例说明如何在 AutoCAD 2008 中使用图块创建标准件和常用件。

(1) 按国标规定的比例画法绘制一个轴线垂直放置的公称直径 d 为 10、有效长度 l 为 30 的六角螺栓，如图 6.55 所示。

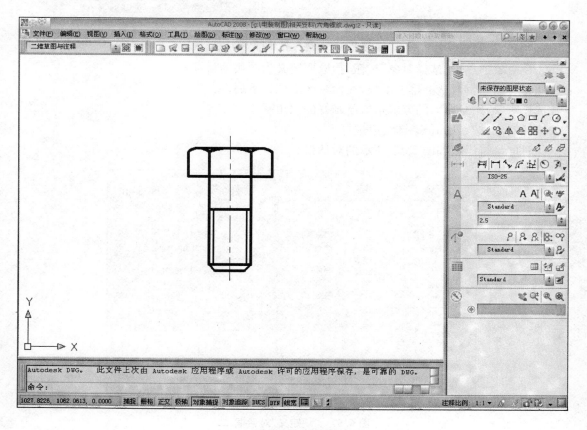

图 6.55 轴线垂直放置的六角螺栓

（2）将绘制好的六角螺栓定义成图块。

选择"绘图"|"块"|"创建"命令（BLOCK），屏幕上将出现图 6.56 所示"块定义"对话框。

①在名称下面的窗口中键入图块名称：六角螺栓

②在基点下点击"拾取点"按钮，指定图块插入时的定位点

命令：指定插入点：捕捉一点作为图块插入时的基点

此时屏幕将返回图 6.56 所示对话框。

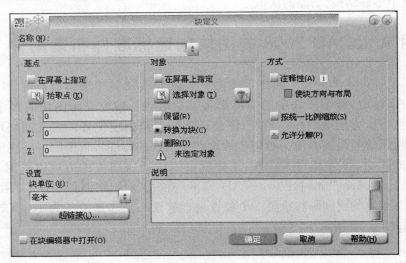

图 6.56 "块定义"对话框（一）

③在对象下点击"选择对象"按钮，拾取要定义为图块的目标

此时对话框暂时从屏幕上消失，在命令区出现如下提示：

选择对象：用开窗口的方式拾取已画好的六角螺栓

选择对象：按<Enter>键结束选择

此时屏幕将返回如图 6.57 所示的对话框。

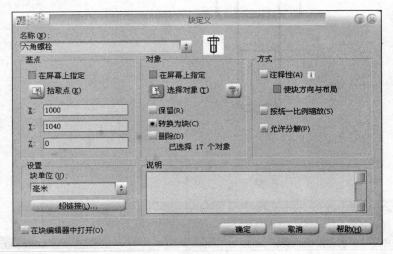

图 6.57 "块定义"对话框（二）

在名称窗口右面将显示已拾取到的六角螺栓的图形。

在该对话框中的"块单位"下面选择"毫米",将图块的单位指定为毫米,然后点击"确定"按钮,这时该六角螺栓已经在本文件内被定义为一个名为六角螺栓的图块。

（3）在命令提示符下键入"WBLOCK",用写图块命令将该图块写入文件。此时屏幕上将出现"写块"对话框,如图 6.58 所示。

①在"源"下选择"块"选项,将图块的来源指定为来自图块文件,在其旁窗口的滚动条中选择已定义好的图块名称,如六角螺栓。

②在"目标"下,"文件名和路径"旁点击 ⋯⋯ 按钮,将出现浏览文件夹对话框,可选择图块文件的保存位置,并可修改图块文件名。

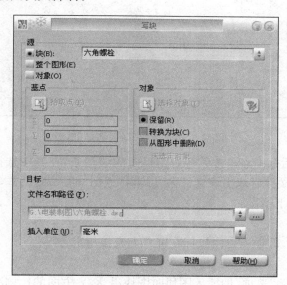

图 6.58　"写块"对话框

③在插入单位窗口中选择"毫米",将图块的单位指定为毫米。

最后点击"确定"按钮,该图块即被写入文件名为六角螺栓的图块文件中。

（4）插入图块

用"插入"命令将六角螺栓从图块文件中调出,并插入到当前文件中的指定位置。

在任意一个 AutoCAD 2008 文件中,如果要插入一个公称直径 d 为 16、有效长度 L 为 50 的六角螺栓时,应当进行如下操作:

选择"插入"|"块"命令（INSERT）,屏幕上将出现"插入"对话框,如图 6.59 所示。

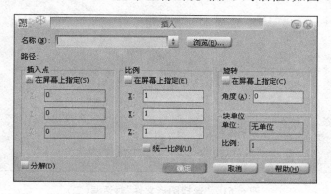

图 6.59　"插入"对话框（一）

在图 6.59 所示对话框中点击浏览按钮,将出现图 6.60 所示"选择图形文件"对话框。

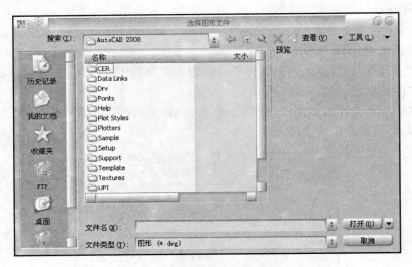

图 6.60 "选择图形文件"对话框(一)

在图 6.60 所示对话框中点击搜索旁边窗口中的滚动条,在其中选择图块文件的保存位置(见图 6.61),找到图块文件后双击该文件名,屏幕将返回"插入"对话框,如图 6.62 所示。

在该对话框中有以下情况:

①在插入点下

选择在屏幕上指定,即插入点由鼠标在屏幕上直接指定。

②在比例下

a. 不选择"统一比例"选项,即插入图块时图块沿 X、Y 方向的比例不同。

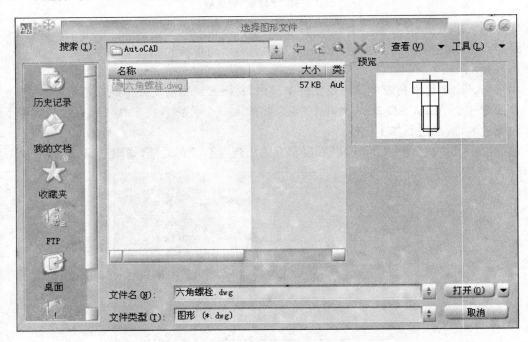

图 6.61 "选择图形文件"对话框(二)

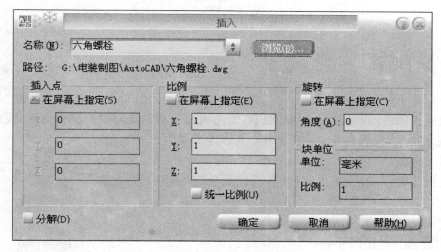

图 6.62 "插入"对话框(二)

b. 不选择"在屏幕上指定"选项,在该对话框中将图块沿 X 向的插入比例指定为 1.6,Y 方向的插入比例指定为 50/30。

若选择"在屏幕上指定"选项,则可以在屏幕上由鼠标直接指定插入比例,或在命令区的提示下,由键盘输入 X、Y 方向的比例。

③在"旋转"下

选择"在屏幕上指定"选项,即指定插入图块时图形的旋转角由鼠标在屏幕指定或在命令区的提示下,由键盘输入。

若不选择"在屏幕上指定"选项,即指定插入图块时图形的旋转角在对话框中指定。

最后点击"确定"按钮,此时对话框被关闭,在命令区出现如下提示:

命令:_insert

指定插入点或[基点(B)/比例(S)/X/Y/Z/旋转(R)]:指定图块插入点

指定旋转角度<0>:由键盘输入要插入的图形与原图块文件中的图形的夹角(逆时针为正,顺时针为负)后按<Enter>键

此时一个公称直径为 16、有效长度为 50 的六角螺栓就被插入到用户所需的位置上了。

需要特别说明的是:此时的螺纹长度是绘制原图块文件时螺纹长度($2 \times 10 = 20$)的 50/30 倍,即 33.3,而不是真正的比例画法时应有的尺寸 $2 \times 16 = 32$。另一处误差出现在螺栓头的高度上:螺栓头的长度是绘制原图块文件时长度($0.7 \times 10 = 7$)的 50/30 倍,即 11.6667,而不是真正的比例画法时应用的尺寸 $0.7 \times 16 = 11.2$。这是因为在进行图块插入时,X 向和 Y 向的比例不同造成的。Y 向比例与 X 向比例相差越多,这两个误差就会越大。如果想要严格按比例画法表达,可按以下操作方法来解决:

a. 选择"修改"|"分解"命令(EXPLODE),将插入的图块分解,使其回复到图块定义前的状态,即每一条图线重新恢复为一个单独的实体;

b. 选择"修改"|"拉伸"命令(STRETCH),改变螺纹中止线或螺栓头顶部的位置,使其长度严格符合比例画法的规定。

7 装配图

表达机器或部件的图样称为装配图。装配图表达了机器或部件的结构形状、装配关系、工作原理和技术要求，它是装配、调整、检验、维修等工作中的重要技术文件。

在产品设计时，一般先画出装配图，再根据装配图绘制零件图。

7.1 装配图的内容

图 7.1 是一个千斤顶的轴测图，其装配图如图 7.2 所示。从图中可看出装配图中一般包括以下内容。

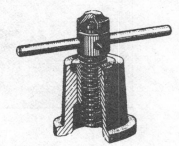

图 7.1 千斤顶的轴测图

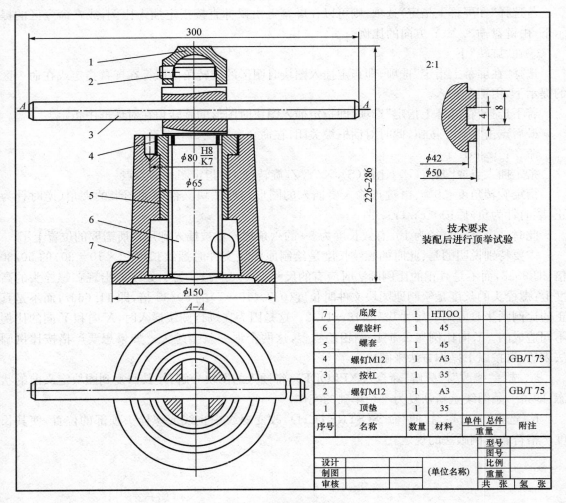

7	底废	1	HT100		
6	螺旋杆	1	45		
5	螺套	1	45		
4	螺钉M12	1	A3		GB/T 73
3	按杠	1	35		
2	螺钉M12	1	A3		GB/T 75
1	顶垫	1	35		
序号	名称	数量	材料	单件 总件 重量	附注

设计		型号	
		图号	
制图	（单位名称）	比例	
		重量	
审核		共 张 氢 张	

图 7.2 千斤顶的装配图

（1）一组视图：选择一组基本视图和恰当的表达方法（断面、剖视等），表达出各组成零件的互相位置和装配关系、部件或机器的工作原理和结构特点。

（2）必要的尺寸：反映机器或部件的规格、性能、零件之间的相对位置及配合以及部件的外形和安装所需要的尺寸。

（3）技术要求：说明机器或部件在装配、安装、调试和检验中应达到的要求，一般用文字写出。

（4）序号及明细表：对每个不同的零部件编写序号，并在明细表中填写名称、材料、数量等内容。

（5）标题栏：在图幅右下角填写部件或机器的名称、比例、图号及设计、审核人员签名等内容。

7.2　装配图的规定画法和表达方法

各种视图、剖视图、断面图等表达机件的方法都适用于装配图。本节介绍装配图的规定画法和特殊表达方法。

7.2.1　装配图的规定画法

装配图的规定画法如下：

①相邻零件的接触表面，画一条轮廓线。不接触的表面，应分别画出各自的轮廓线。

②相邻零件的断面线的倾斜方向应相反，或者方向相同、间距不同，以示区分。

③同一零件在各视图中的断面线方向、间距应一致。

④当剖切平面沿纵向通过包括轴线或对称面在内的实心件（如轴、手柄、键、销、螺钉、螺母、肋板等）时，这些零件按不剖切绘制。如实心件上有些结构或装配关系需要表达时，可用局部剖的形式。

图7.3所示为螺栓连接图的画法。

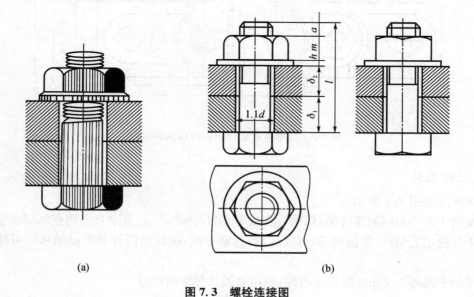

(a)　　　(b)

图7.3　螺栓连接图

7.2.2　装配图的特殊表达方法

1) 沿零件的结合面剖切和拆卸画法

在装配图中,当某些零件遮住了其他需要表达的零件或装配关系时,可假想沿零件的结合面剖切,或假想将某些零件拆卸后再画图,需要说明时可加注"拆去 xx 等",如图 7.4 所示。沿结合面剖切时,结合面上不画剖画线。

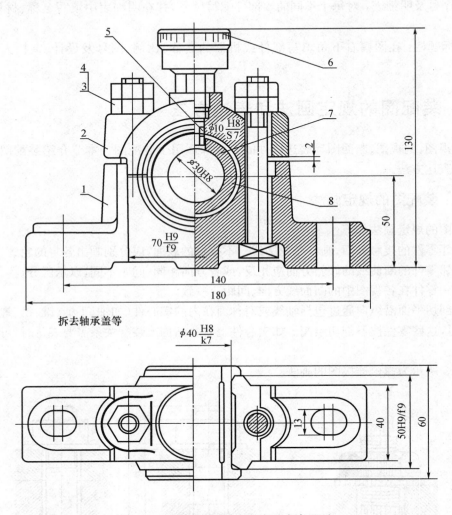

图 7.4　沿零件的结合面剖切和拆卸画法

2) 简化画法

简化画法如图 7.5 所示。

装配图中若干相同的零件组(如螺栓连接等)可仅画出一组,其余只需用点画线表示其装配位置。零件的工艺结构(如倒角、退刀槽等)可省略不画,螺纹紧固件和滚动轴承均可按简化画法绘制。

宽度小于或等于 2 mm 的狭小断面,可用涂黑代替断面符号。

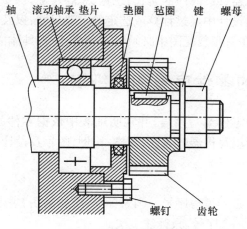

轴 滚动轴承 垫片 垫圈 毡圈 键 螺母

螺钉 齿轮

图 7.5 简化画法示例

3）假想画法

当需要表示运动零件的极限位置时，极限位置的轮廓线可用双点画线表示，见图 7.6 所示。对于不属于本部件、但与本部件有装配关系的零（部）件，也可以用双点画线表示。

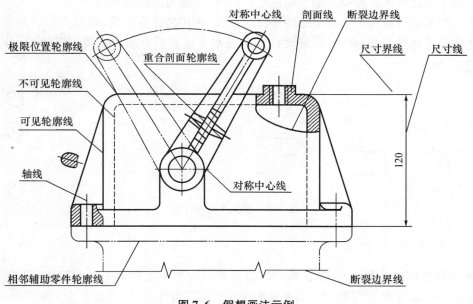

对称中心线 剖面线 断裂边界线

极限位置轮廓线 重合剖面轮廓线 尺寸界线 尺寸线

不可见轮廓线

可见轮廓线

120

轴线 对称中心线

相邻辅助零件轮廓线 断裂边界线

图 7.6 假想画法示例

7.3 装配图中的尺寸

在装配图中只需标注以下五类尺寸：

（1）规格或性能尺寸：用以表明机器或部件的规格或性能，是设计和选用产品时的主要依据。如图 7.4 中的 $\phi30H8$。

（2）装配尺寸：包括零件之间有配合要求的尺寸及装配时需保证的相对位置尺寸。

（3）安装尺寸：将部件安装到基座或其他部件上所需的尺寸，如安装孔的中心距尺寸 140。

（4）外形尺寸：表示机器（或部件）的总长、总宽、总高尺寸，供安装、包装、运输时参考。

（5）其他重要尺寸：指设计中经过计算或选定的重要尺寸，以及其他必须保证的尺寸等。

上述各种尺寸并不是在每张装配图中必须标注齐全，应视具体情况而定。

7.4　装配图中的零件序号和明细表

在装配图中，应对每种零件编写序号，并在明细表中依据零件的序号说明零件的名称、数量、材料等项。标题栏用于填写机器的名称、规格、比例、图号及设计、制图、审核人员的签名等。

7.4.1　零件序号

装配图中所有零、部件必须编写序号。国家标准《机械制图》规定：

（1）相同的零、部件用一个序号，只标注 1 次。

（2）序号注写在指引线的水平线上或圆内，序号文字比该图尺寸数字大 1 号或 2 号，如图 7.7（a）所示。

（3）指引线自所指零件的轮廓线内引出，引出端画一圆点。若所指零件很薄，不宜画圆点时，可用箭头指向所指零件，如图 7.7（b）所示。

（4）指引线相互不能相交。通过断面线区域时，不能与断面线平行。

（5）一组紧固件或装配关系清楚的零件组，可以采用公共指引线，如图 7.7（c）所示。

（6）图序号排列应按顺时针或逆时针方向在水平或垂直方向顺次排列整齐，且分布均匀，如图 7.4 所示。

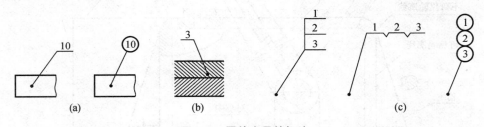

图 7.7　零件序号的标注

7.4.2　明细表

明细表是全部零、部件的详细目录。其内容和形式在国家标准中已有规定，可参考图 7.8 所示格式。明细表中所填写的序号即是装配图中所编零件序号，序号自下而上顺序填写。

序号	名称		数量	材料	单位质量kg　总质量	备注
	（图名）			**（图号）**	质量kg	
					比例	
制图				**（单位名称）**		
审核						

图 7.8　部件图、装配图用标题栏

名称栏中,如是标准件,除注写名称外,还应注写标准代号,如"螺母 M12"、"销 B1.5×12"。

数量栏填写该装配体中同一规格零件的数量。材料栏填写零件材料的牌号,如"A3"、"45"、"HT150"。

备注栏内可添写零件的表面处理说明,如"发蓝"、"渗碳"等;也可添写该零件是否是外购件、借用件。还可填写齿轮的模数、齿数,如"$m=2,Z=36$"。如是标准件,还应注写国家标准代号,如"GB/T 6170 - 2000"。

7.5 画装配图的方法

在设计新机器或改进原有设备时,都要画装配图。本节以图 7.9 所示的滑动轴承装配图为例,简要介绍装配图的画法。

7.5.1 了解和分析装配图

画图前应首先了解和分析装配图的性能、用途、工作原理、结构特征和零件之间的装配关系。图 7.9 是滑动轴承分解的轴测图,由此可了解到滑动轴承的有关内容。

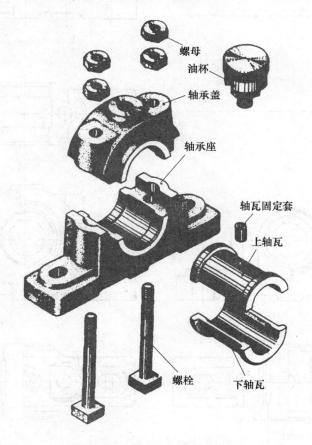

螺母
油杯
轴承盖
轴承座
轴瓦固定套
上轴瓦
螺栓
下轴瓦

图 7.9 滑动轴承分解的轴测图

7.5.2　确定视图表达方案

拟定表达方案,首先要选好主视图。应将装配体按其工作位置或习惯位置放置,以反映主要装配关系和外形特征的那个视图作为主视图。其他视图用来配合主视图表达尚未清楚的装配关系和主要零件的结构形状。

7.5.3　作图步骤

确定绘图比例和图纸幅画,布置图画;画底稿,先画作图基准线,再画主要零件(见图 7.10(b)中的轴承座);画与之相关的零件,先大后小,先主后次(见图 7.10);描深;标注尺寸;编写零件序号;填写标题栏、明细表和技术要求。完成全图,如图 7.11 所示。

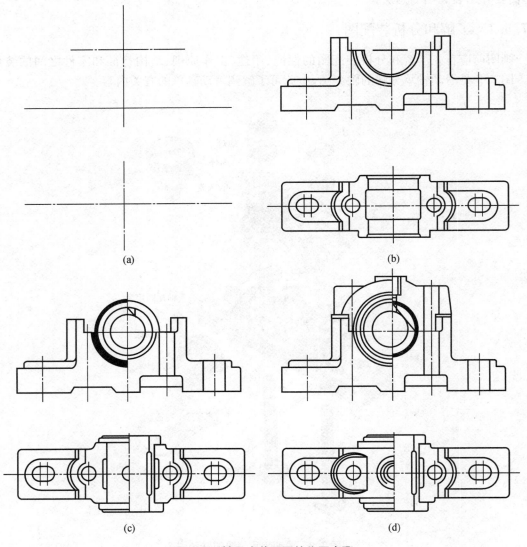

图 7.10　轴承座装配图的作图步骤

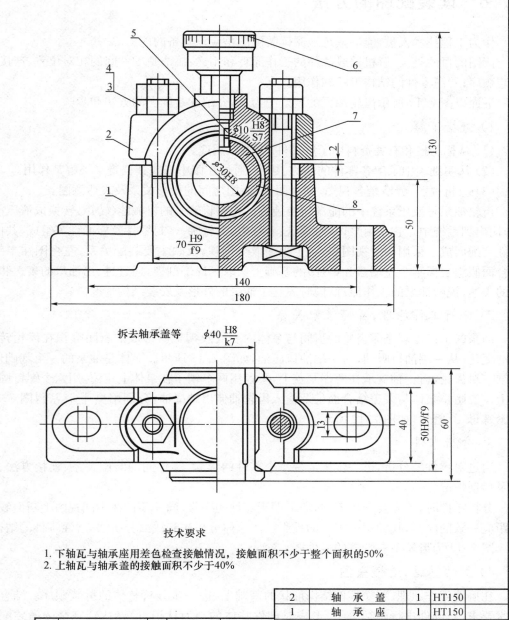

拆去轴承盖等

技术要求

1. 下轴瓦与轴承座用差色检查接触情况，接触面积不少于整个面积的50%
2. 上轴瓦与轴承盖的接触面积不少于40%

| 2 | 轴　承　盖 | 1 | HT150 | |
| 1 | 轴　承　座 | 1 | HT150 | |

8	下轴瓦	1	205n6-6-3		序号	名　　　称	数量	材料	备 注
7	上轴瓦	1	205n6-5-3			滑　动　轴　承	比例	1:1	01-100
6	油杯B12			JB/T 1040			件数		
5	轴瓦圈定套	1	Q235		制图		重量		
4	螺栓M10×90	2	Q235	GB/T 5782	描图				（单位名称）
3	螺母M10	4	Q235	GB/T 6575	审核				

图 7.11　轴承座装配图

7.6　读装配图的方法

作为工程技术人员，能够熟练地阅读装配图是应该具备的能力之一。

读图的目的是：了解机器或部件的工作原理和用途；搞清楚零件间的相对位置、连接方式及拆装顺序；看懂零件的结构形状和作用。

下面以图 7.12 所示齿轮油泵的装配图为例，介绍读装配图的方法和步骤。

1）概括了解

(1) 从标题栏和有关资料中了解部件的名称、用途。

(2) 从明细表中了解各零件的名称、数量，通过在图中查找其位置来了解其作用。

(3) 分析视图，弄清楚各视图、剖视图、断面图之间的投影关系及表达意图。

齿轮油泵是液压系统中的能源转换装置。它是将输入的机械能（转矩）转换成液压能（压力油）输出到系统中。它是由泵体、左端盖、右端盖、齿轮轴、密封零件及标准件等组成，共由 15 种零件装配而成。采用两个视图表达：主视图取全剖视，反映主要装配关系；左视图在半剖视（沿结合面假想去掉半个左端盖和垫片）的基础上又取了局部剖视，通过进、出油口的表达和齿轮啮合的表达，说明油泵的工作原理，同时表达了油泵的外形及安装结构情况。

2）分析工作原理，弄懂装配关系

油泵的工作原理是靠齿轮的齿间与泵体内表面及端盖所形成的密闭容积在齿轮转动过程中的变化，从一端油口吸油，另一端油口压油，如图 7.13 所示。泵体是油泵的一个基础件，内腔容纳一对齿轮，齿轮轴支承在两端泵盖上，泵盖用两个销子在泵体上定位，用六个螺钉固定在泵体上。为防止泵体与泵盖结合面处及输入齿轮轴伸出端漏油，分别用垫片 5、密封圈 8、轴套 9、压紧螺母 10 密封，如图 7.12 所示。

3）分析零件

通过对零件的分析，进一步搞清楚每个零件的形状、零件间的装配关系、连接方法、配合关系及运动情况。

分析零件时，首先要分离零件，需借助于零件的序号、同一零件在不同视图上断面线方向和间距应一致的原则，找到每个零件的投影。用形体分析法和线面分析法，看懂零件的结构形状。

图 7.14 为齿轮泵右端盖的零件图。

4）归纳总结，看懂全图

在搞清工作原理、看懂零件结构形状的基础上，进一步分析整体的拆装顺序。结合尺寸和技术要求，对部件进行归纳总结，形成对部件整体的全面认识，最终达到完全读懂装配图的目的。如图 7.15 所示。

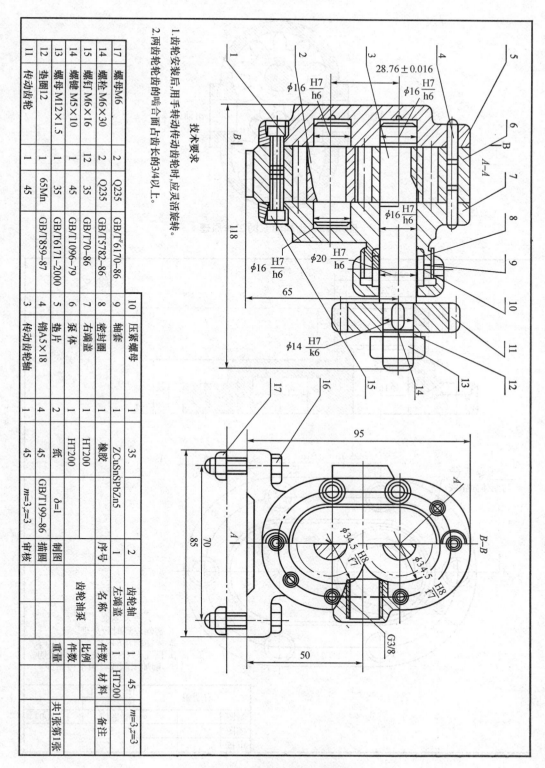

技术要求

1. 齿轮安装后,用手转动传动齿轮时,应灵活旋转。
2. 两齿轮齿的啮合面占齿长的3/4以上。

17	螺母M6	2	Q235	GB/T6170-86		
14	螺栓 M6×30	2	Q235	GB/T5782-86		
15	螺母 M6×16	12	35	GB/T70-86		
14	螺母 M5×10	1	45	GB/T1096-79		
13	螺母 M12×1.5	1	35	GB/T6171-2000		
12	垫圈12	1	65Mn	GB/T859-87		
11	传动齿轮	1	45		3	m=3,z=3
10	压紧螺母	1	35			
9	轴套	1	ZCuSnPb5Zn5			
8	密封圈	1	橡胶			
7	右端盖	1	HT200			
6	泵体	1	HT200			
5	垫片	2	纸	δ=1		
4	销A5×18	4	45	GB/T199-86		
3	传动齿轮轴	1	45		1	m=3,z=3
2	左端盖	1	HT200			
1	齿轮轴	1	45		1	m=3,z=3
序号	名称	件数	材料		比例	备注
	齿轮油泵				件数	共1张第1张
					重量	
制图						
描图						
审核						

图 7.12 齿轮油泵的装配图

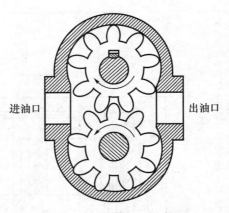

图 7.13 齿轮油泵的工作原理

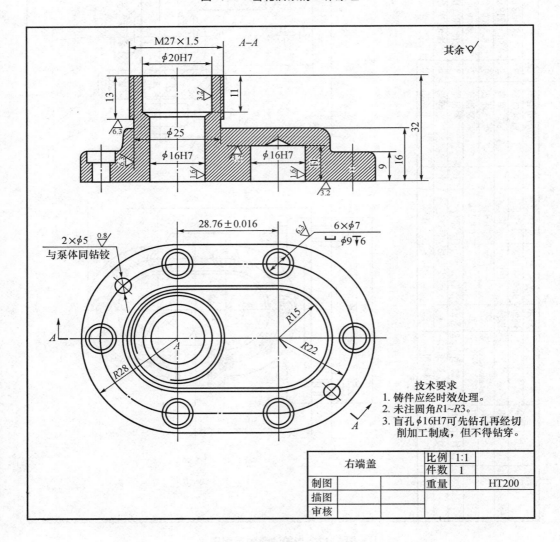

图 7.14 齿轮泵右端盖的零件图

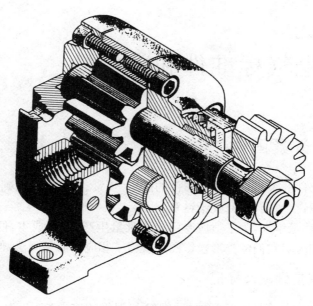

图 7.15　齿轮油泵的轴测图

7.7　用 AutoCAD 2008 绘制装配图

利用 AutoCAD 绘制装配图是一件复杂的工作。为了减少重复绘图的工作量,应先将常用的零件、部件、标准件以及一些专业符号创建成块,建成图库。在绘制装配图时可以采用插入的方法插入到装配图中,以提高绘图速度。

当部件的大部分零件都已绘出后,就可以采用插入图形文件的方式拼画出装配图。具体步骤如下:

(1) 选择基础零件。首先复制一个基础零件,然后对其进行编辑修改,删除装配图上不需要的尺寸和符号。

(2) 依次插入零件。在插入每一个零件前,也需对其零件图进行修改和编辑,删除多余图线、尺寸和符号等。在插入标准件等公用图块时,因尺寸或比例不同,可先利用比例命令进行缩放,尺寸合适后再插入。零件插入后应对遮挡部分进行删除、修剪等。

(3) 整理视图并标注尺寸。整理视图时可以绘制出剖面线及细部结构。

(4) 注写零件序号和明细表、标题栏。标题栏和明细表可以做成样板图,这样便于绘制。

需要注意的是,每插入一个零件都要进行适当的编辑和修改,不要将所有零件均插入后再修改,这样会因为图线太多而使修改困难。当零件图未预先画完时,也可采用插、画结合的方法绘制装配图。

8 电子电气标准件和常用件

8.1 电子设备紧固件

在电子设备中,部件的组装和部分元器件的固定、锁紧、定位等常用到紧固件。常用紧固件有螺栓、螺母、螺柱、螺钉、垫圈、铆钉及销钉等。

常用紧固件的使用量很大,为了适应专门化大批量生产,降低成本,便于使用,它们的结构和尺寸都已标准化,同时对它们的外形投影图也规定了相应的简易画法,便于制图。

8.1.1 螺纹的规定画法及标记

螺纹是螺纹紧固件——螺栓、双头螺柱、螺钉和螺母的主要结构,为了正确绘制和阅读图样,必须对它们有所了解。下面介绍螺纹的基本知识和表达方法。

1) 螺纹的基本知识

(1) 螺纹的形成

螺纹是在圆柱表面或圆锥表面上,根据螺旋线的形成原理加工出具有相同断面的连续凸起和凹槽,如图 8.1 所示。凸起部分的顶端称为牙顶,凹槽部分的底部称为牙底。在圆柱和圆锥外表面上形成的螺纹叫外螺纹,在内表面上形成的螺纹叫内螺纹。人们常见的螺钉和螺母上的螺纹,分别是外螺纹和内螺纹,如图 8.1 所示。螺纹可用各种方法制造,既能在车床上加工,如图 8.2(a)、(b)所示;也可以用碾压,如图 8.2(c)所示;还可用板牙和丝锥加工外螺纹和内螺纹,如图 8.2(d)、(e)所示。

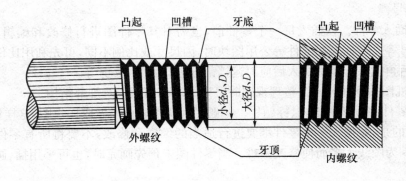

图 8.1　内、外螺纹的大径和小径

由于圆柱螺纹应用最广,因此下面介绍圆柱螺纹。

(2) 螺纹的五元素

①螺纹牙型:在通过螺纹轴线的剖面上,螺纹的轮廓形状称为螺纹牙型。常见的螺纹牙型有三角形、梯形和锯齿形等,如图 8.3 所示。

②大径 d、D,小径 d_1、D_1 和中径 d_2、D_2(外螺纹的符号用小写字母,内螺纹用大写字母):与

外螺纹的牙顶或内螺纹的牙底相重合的假想圆柱的直径称为大径,与外螺纹的牙底或内螺纹的牙顶相重合的假想圆柱的直径称为小径;在大径和小径之间,假想有一圆柱,其母线通过牙型凹槽和凸起宽度相等的地方,此假想圆的直径称为中径。

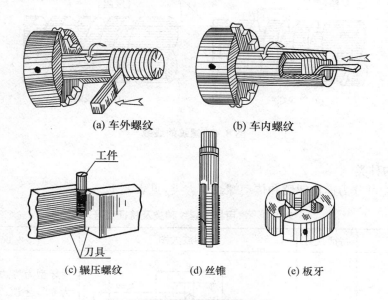

(a) 车外螺纹　　　　　　　　(b) 车内螺纹

(c) 辗压螺纹　　　　(d) 丝锥　　　　(e) 板牙

图 8.2　螺纹的制造

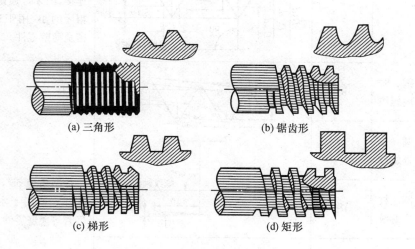

(a) 三角形　　　　　　　　　　　(b) 锯齿形

(c) 梯形　　　　　　　　　　　(d) 矩形

图 8.3　螺纹牙型

③螺纹的线数:螺纹有单线和多线之分,圆柱面上只有一条螺纹称为单线螺纹,如果同时有两条或两条以上的螺纹则称为多线螺纹,如图 8.4 所示。

④螺距 P 和导程:在螺纹中径线上相邻两牙的对应点之间的轴向距离称为螺距;同一条螺纹上相邻两牙的对应点之间的轴向距离称为导程。对于单线螺纹,螺距=导程;对于多线螺纹,螺距=导程/线数。如图 8.4 所示。

⑤旋向:螺纹有左旋和右旋之分,顺时针旋转时旋入的螺纹称为右旋螺纹;反之则称为左旋螺纹。右旋螺纹应用广泛。如图 8.4 所示。

注意：只有五要素都相同的内、外螺纹才能互相旋合。

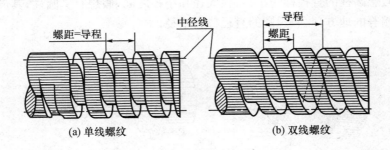

图 8.4　螺纹的线数

（3）螺纹的种类

螺纹按用途可分为连接螺纹和传动螺纹两大类，见表 8.1。

表 8.1　常用标准螺纹种类及特征代号

螺纹的种类		特征代号	牙型放大图	说　明
普通螺纹	粗牙 细牙	M		牙型为等边三角形，牙型角为 60°，牙顶、牙底均削平。粗牙普通螺纹用于一般机件的连接，细牙普通螺纹的螺距比粗牙的小，用于连接细小、精密及薄壁零件
连接螺纹	用螺纹密封的管螺纹 圆锥内螺纹	Rc		牙型角为 55°，牙顶、顶底为圆弧。适用于水管、油管、煤气管等薄壁零件上
	用螺纹密封的管螺纹 圆锥外螺纹	R		
	用螺纹密封的管螺纹 圆柱内螺纹	Rp		
	非螺纹密封的管螺纹	G		

螺纹的种类	特征代号	牙型放大图	说　明
传动螺纹 · 梯形螺纹	Tr	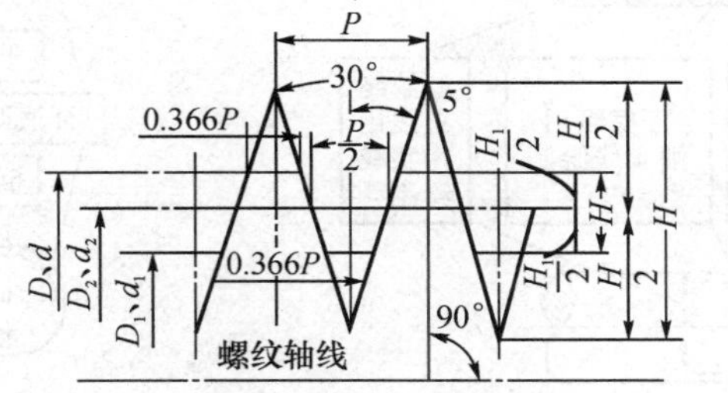	牙型为梯形,牙型角为 30°,用于承受两个方向轴向力的传动,如车床丝杠
传动螺纹 · 锯齿形螺纹	B	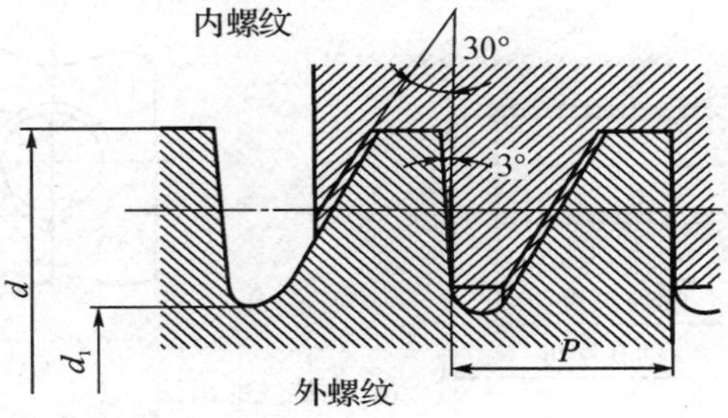	牙型为锯齿形,用于承受单向轴向力的传动,如千斤顶丝杠

连接螺纹中最常见的是粗牙普通螺纹、细牙普通螺纹,其共同点是:牙型角均为 60°。普通螺纹中,细牙与粗牙的区别是:在大径相同的条件下,前者的螺距小于后者的螺距。

传动螺纹用于传递动力和运动,应用较多的有梯形螺纹和锯齿形螺纹。

2）螺纹的规定画法

绘制螺纹的投影是十分麻烦的事,并且在实际生产中也没有必要这样做。为了便于绘图,国家标准 GB/T 4459.1 - 1995 对螺纹的画法作了如下规定。

（1）单个内、外螺纹的画法

在投影为非圆的视图上,螺纹的牙顶线(外螺纹的大径,内螺纹的小径)用组实线绘制,螺纹的牙底线(外螺纹的小径,内螺纹的大径)用细实线绘制,倒角也应画出。在投影为圆的视图上,表示牙底的细实线圆只画 3/4 圆,缺口方向可任意选择。表示牙顶的圆用粗实线绘制,一般小径按大径的 0.85 倍画出。倒角圆省略不画。螺纹的终止线用粗实线绘制,如图 8.5 所示。

（2）不可见螺纹的画法

不可见螺纹的所有图线均采用虚线绘制,如图 8.6 所示。

（3）内、外螺纹旋合的画法

不剖时均画虚线;剖开时,内、外螺纹旋合部分按外螺纹绘制,其余部分按内、外螺纹各自的规定画法绘制。如图 8.7 所示。

注意:在剖视图或剖面图中,内、外螺纹的剖面线都应画到粗实线处。对于实心的外螺纹,当剖切平面通过其轴线时,按不剖绘制,如图 8.7 所示。表示内、外螺纹的牙顶、牙底线应对齐。

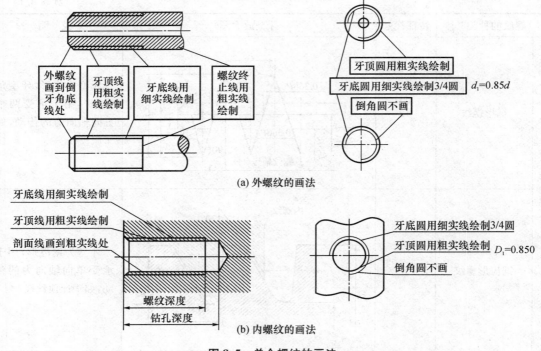

(a) 外螺纹的画法

(b) 内螺纹的画法

图 8.5　单个螺纹的画法

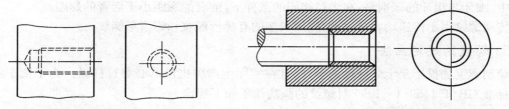

图 8.6　不可见螺纹的画法　　　　**图 8.7　内、外螺纹旋合的画法**

3) 螺纹的标记

螺纹的种类与规格繁多,但它们的规定画法都相同,从图中只能看出其大径、小径和长度,为了把螺纹要素和加工极限偏差表示清楚,必须在图中配以标记。下面简单说明普通螺纹、梯形螺纹及非螺纹密封的管螺纹的代号及标记的方法。

标准螺纹的完整标记由三部分组成,即

$$\boxed{螺纹代号} —— \boxed{螺纹公差带代号} —— \boxed{旋合长度代号}$$

螺纹代号表示螺纹的特征和尺寸,其中包括特征代号、螺纹公称直径(即大径)、螺距(或导程/线数)及旋向(右旋不注)。

公差带代导表示螺纹公差带的位置和大小。公差带代号由数字和字母组成,数字表示标准公差等级,字母表示公差带的位置(基本偏差)。公差带代号注在螺纹代号之后,由中径公差带代号和顶径公差带代号组成。中径与顶径的公差带代号若相同,则只注一个代号即可,例如:M10×1 - 7H;若不同则应分别标出,中径在前,顶径在后,例如:M24 - 5g6g。

旋合长度代号注在公差带代号之后,中间用"-"分开。旋合长度分为长旋合(L)、中旋合(N)、短旋合(S),中旋合一般不注。

螺纹一般在其大径上进行标记。

普通螺纹的特征代号用 M 表示。普通螺纹分为粗牙普通螺纹和细牙普通螺纹 2 种,标准粗牙普通螺纹的每一公称直径只有一个对应的螺距,所以螺距不必注出,需要时可查表 8.2。细牙普通螺纹应标出螺距,例如:M26×2－6g,其中 2 表示细牙的螺距为 2 mm。

表 8.2　普通螺纹的直径与螺距(摘自 GB 196－2003)

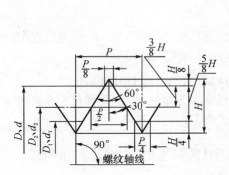

标记示例

公称直径 10 mm、右旋、公差带代号为 6 h、中等旋合长度的普通粗牙螺纹标记为:
M10－6h

公称直径 d、D		螺距 P	
3		0.5	0.35
	3.5	(0.6)	
4		0.7	0.5
	4.5	(0.75)	
5		0.8	
	5.5		
6	7	1	0.75,(0.5)
8		1.25	1,0.75,(0.5)
	9	(1.25)	
10		1.5	1.25,1,0.75,(0.5)
	11	(1.5)	1,0.75,(0.5)
12		1.75	1,0.75,(0.5)
	14	2	1.5,(1.25),1,(0.75),(0.5)
	15		1.5,(1)
16		2	1.5,1,(0.75),(0.5)
	17		1.5,(1)
20	18	2.5	2,1,5,1,(0.75),(0.5)
	22		

梯形螺纹的特征代号用 Tr 表示。在螺纹代号中标出特征代号 Tr、公称直径×螺距或公称直径×导程(P 螺距)。梯形螺纹只注中径公差带代号。

非螺纹密封的管螺纹的标注项目和顺序是:螺纹特征代号、尺寸代号、公差等级代号-旋向代号。其特征代号用 G 表示。尺寸代号只是一个代号,并不表示尺寸,其数值近似等于英制单位中的管子内径。螺纹各部分尺寸可在有关标准中查到。公差等级代号:对于外螺纹分 A、B 两级,且必须标注;内螺纹只有一个等级,则不必标注。

螺纹旋向:右旋不标注;左旋则应标出"LH"。表 8.3 列出了螺纹标记的具体实例。

表 8.3　螺纹的标记示例

螺纹种类	特征代号	图　例	标注内容和方式
普通螺纹	粗牙	M10-6g　30　M10-6H　25　30	螺纹代号— 　螺纹公差带代号— 　旋合长度代号 　例如:M10－6H 　说明:粗牙普通内螺纹,大径 10,中径顶径公差带代号均为 6H,中等旋合长度,右旋,一般省略不注

（续表 8.3）

螺纹种类		特征代号	图　例	标注内容和方式
普通螺纹	细牙	M	M20×2-6g-5 28	例如：M20×2-6g-S 说明：细牙普通外螺纹，大径 20，螺距 2，中径、顶径公差带代号均为 6g，短旋合长度，右旋
梯形螺纹		Tr	Tr36×12/(P6)LH-7h	牙型代号　螺纹大径　×　导程/(P 螺距) 旋向——公差带代号 例如：Tr36×12/(P6)LH-7h 说明：梯形螺纹，大径 36，螺距 6，左旋，中径公差代号为 7h，右旋
非螺纹密封的管螺纹		G	G1-A　　　G1	特征代号　尺寸代号　公差等级　旋向 例如：G1 说明：圆柱管螺纹，尺寸代号 1，右旋内螺纹

8.1.2　螺纹紧固件及其连接的画法

用螺纹起连接紧固作用的零件称为螺纹紧固件或螺纹连接件。常用的螺纹紧固件有螺栓、双头螺柱、螺钉、螺母和垫圈等，这些连接件均已标准化，它们各部分的结构和尺寸均可查阅有关标准和手册。表 8.4 中列举了几种常用的螺纹连接件。

表 8.4　几种常用螺纹连接件

名　称	标准代号	图　例	规定标记
六角头螺栓	GB 5782-86	M4 16	螺栓 GB 5782—86 - M4×16 公称长度 1＝16
开槽圆柱头螺钉	GB 65-85	M4 10	螺钉 GB 65—85 - M4×10 公称长度 1＝10
开槽盘头螺钉	GB 67-85	M4 10	螺钉 GB 67—85 - M4×10 公称长度 1＝10
开槽沉头螺钉	GB 68-85	M4 10	螺钉 GB 68—85 - M4×10 公称长度 1＝10

（续表 8.4）

名　称	标准代号	图　例	规定标记
十字槽沉头螺钉	GB 819 - 85	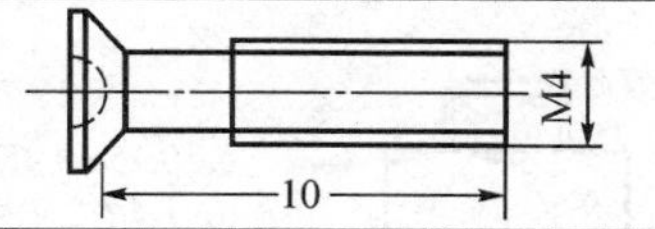	螺钉 GB 819—85 - M4×10 公称长度 1=10
十字槽盘头 自攻螺钉	GB 845 - 85	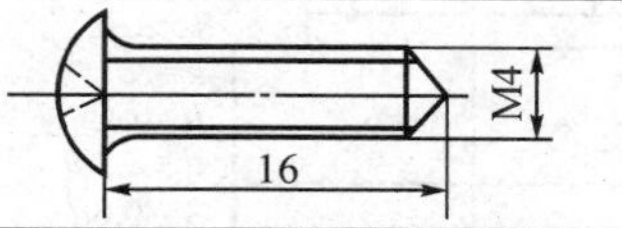	自攻螺钉 GB 845—85 - ST3.5× 16—C - H 公称长度 1=10
等长双头螺柱	GB 901 - 88	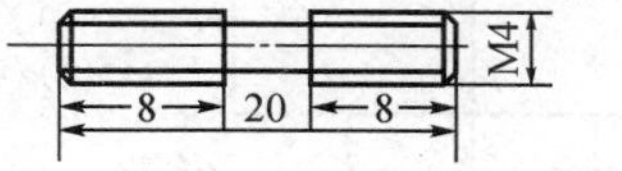	螺柱 GB 901—85 - M4×20 公称长度 1=20
六角螺母	GB 6170 - 86	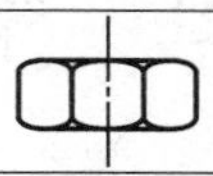	螺母 GB 6170—86 - M4
小六角扁螺母	GB 6172 - 86		螺母 GB 6172—86 - M4
小垫圈	GB 848 - 85	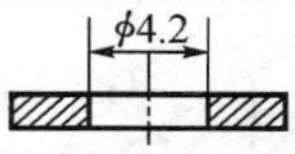	垫圈 GB 848—85 - 4
轻型弹簧垫圈	GB 859 - 87		垫圈 GB 859—86 - 4

1）被连接件的画法

在画螺纹连接的装配图时,对于被连接件应遵守以下基本规定:

(1) 两个零件的接触面只画一条线,不接触面应画两条线。

(2) 在剖视图中,相邻两个零件的剖面线方向应相反,或者方向一致,间隔不等;同一零件在各个视图中,剖面线的方向和间隔应完全一致。

(3) 在剖视图中,若剖切平面通过螺纹紧固件的轴线时,这些标准件均按不剖绘制,只画其外形。

2）螺纹紧固件的画法

包括按标注规定查表画法和比例画法。常用的螺纹连接形式有以下几种:

(1) 螺栓连接

螺栓连接由螺栓、螺母、垫圈三个连接件构成,如图 8.8 所示。它主要用于连接不太厚、拆装比较方便、能钻成通孔的两个零件的连接。

画螺栓连接图时,应先根据螺纹大径 d 和被连接件的厚度 δ,按下列步骤确定螺栓的公称长度 l 和标记。

①通过计算,初步确定螺栓的公称长度 l:

$$l \geqslant \delta_1 + \delta_2 + h + m + b_1$$

式中:δ_1 和 δ_2 为被连接的两个零件的厚度;h 为垫圈厚度;m 为螺母高度,b_1 为螺栓伸出螺母的高度。h、m 的数值从相应标准中查取,b_1 一般取 $0.2\,d \sim 0.3\,d$。

②根据 l 的初算值,在螺栓标准的 l 公称系列值中,选一个与之相近的标准值。

③确定螺栓标记。

例如:已知螺纹紧固件的标记为:螺栓 GB 5782—86 - M16×1、螺母 GB 6170—86 - M16、垫圈 GB 97.1—85 - 16,被连接件的厚度 $\delta_1=12$、$\delta_2=15$。

根据已知的螺母、垫圈的标准号及螺纹大径 16,在相应标准中查取 $h=3$、$m_{\max}=14.8$;算出 $l \geqslant 12+15+3+14.8+(0.2 \sim 0.3)16 = 48 \sim 49.6$;查螺纹标准中的 l 公称系列值表,选取最接

近者为：$l=50$。螺栓的标记就确定为：螺栓 GB 5782-86-M16×50。图 8.8(a)为比例画法。

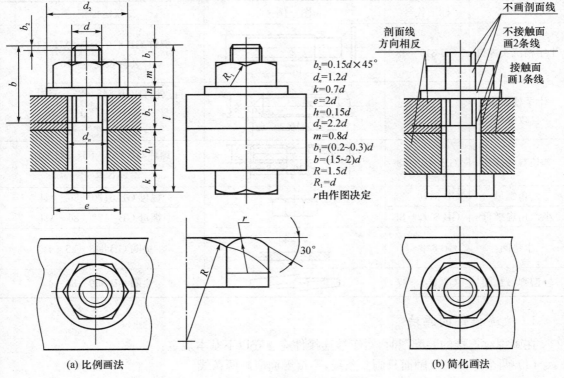

$b_2=0.15d×45°$
$d_n=1.2d$
$k=0.7d$
$e=2d$
$h=0.15d$
$d_2=2.2d$
$m=0.8d$
$b_1=(0.2～0.3)d$
$b=(15～2)d$
$R=1.5d$
$R_1=d$
r由作图决定

不画剖面线
剖面线方向相反
不接触面画2条线
接触面画1条线

(a) 比例画法　　　　　　　　　　　　(b) 简化画法

图 8.8　螺栓连接

（2）双头螺柱连接

双头螺柱连接由双头螺柱、螺母、垫圈构成，如图 8.9 所示。当两个连接件中有一个零件比较厚而不易钻成通孔时，可采用此种连接。

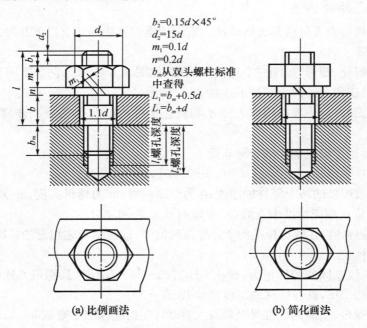

$b_2=0.15d×45°$
$d_2=15d$
$m_1=0.1d$
$n=0.2d$
b_m从双头螺柱标准中查得
$L_1=b_m+0.5d$
$L_1=b_m+d$

l_1螺孔深度
l_2螺孔深度

(a) 比例画法　　　　　　　　　　　　(b) 简化画法

图 8.9　双头螺柱连接

　　双头螺柱两端都有螺纹,一端必须全部旋入被连接件的螺孔内,称为旋入端;另一端用来拧紧螺母,称为紧固端。旋入端长度 b_m 的值与机件的材料有关,对于钢和青铜,$b_m=d$;对于铸铁,$b_m=1.25d$;对于铝,$b_m=2d$ 。具体数值可从双头螺柱标准中查出。

　　画双头螺柱连接图和画螺栓连接图一样,应先计算出其公称长度 $l(l \geqslant \delta+h+m+b_1$,其中,$\delta$ 为加工出通孔的零件的厚度),再取标准长度 l 值,确定双头螺柱的标记。其各部分尺寸的确定与螺栓连接图中对应处的比例画法一样。

　　(3) 螺钉连接

　　螺钉连接由螺钉、垫圈构成,如图 8.10 所示。主要用于不经常拆卸、而且受力不大的零件间的连接。在无线电设备中大部分连接采用螺钉连接。

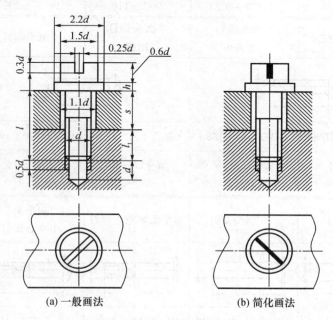

(a) 一般画法　　　　　　　　(b) 简化画法

图 8.10　螺钉连接

　　(4) 自攻螺钉连接

　　这种连接由于使用条件不同,种类也较多。十字槽自攻螺钉由于具有自身攻丝的功能,便于自动化装配,所以近年来在电气、电子设备较软的材料上得到了广泛的应用,如图 8.11 所示。

　　画螺钉连接图时,也要先算出其公称长度 $l(l \geqslant \delta+l_1$,其中,δ 为加工出通孔的零件的厚度,l_1 为螺钉旋入螺孔的长度),并取标准长度值。l_1 与机件的材料有关,选取方法与双头螺柱中 b_m 的选取方法相同。然后确定螺钉的标记。

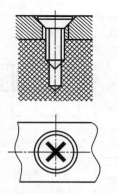

图 8.11　自攻螺钉连接

8.1.3　铆接及其连接的画法

　　铆接是用铆钉把被连接件连接在一起的一种不可拆卸的连接。常用的铆钉有半圆头、平锥头、平头、沉头、半沉头等几种类型,如表 8.5 所示。

表 8.5　常用铆钉的形状及规格

名称	半接头铆钉（粗制）	小半圆头铆钉（粗制）	半画头铆钉	沉并没有铆钉（粗制）	沉头铆钉
图形					
标准	GB/T 863.1-1986	GB/T 893.2-1986	GB/T 867-1986	GB/T 865-1986	GB/T 869-1986
规格	$d=12\sim30$ $l=20\sim200$	$d=10\sim36$ $l=20\sim200$	$d=0.6\sim16$ $l=1\sim110$	$d=10\sim36$ $l=20\sim200$	$d=1\sim16$ $l=2\sim100$
名称	平锥头铆钉	平销头铆钉（粗制）	半沉头铆钉（粗制）	半沉头铆钉	扁平头铆钉
图形					
标准	GB/T 868-1986	GB/T 864-1986	GB/T 866-1986	GB/T 870-1986	GB/T 872-1986
规格	$d=2\sim6$ $l=3\sim110$	$d=12\sim36$ $l=20\sim200$	$d=12\sim36$ $l=20\sim200$	$d=1\sim16$ $l=2\sim100$	$d=1.2\sim10$ $l=1.5\sim50$
名称	扁头铆钉	120°沉头铆钉	扁平头半空心铆钉	扁平头半空心铆钉	120°沉头半空心铆钉
图形					
标准	GB/T 871-1986	GB/T 9542-1986	GB/T 875-1986	GB/T 873-1986	GB/T 874-1986
规格	$d=1.2\sim10$ $l=1.5\sim50$	$d=1.2\sim8$ $l=1.5\sim50$	$d=1.2\sim10$ $l=1.5\sim50$	$d=1.2\sim10$ $l=1.5\sim50$	$d=1.2\sim8$ $l=1.5\sim50$
名称	空心铆钉	管头铆钉	标牌用钉	大扁圆头铆钉	120°半沉头铆钉
图形					
标准	GB/T 876-1986	GB/T 75-1986	GB/T 827-1986	GB/T 1011-1986	GB/T 1012-1986
规格	$d=1.4\sim6$ $l=1.5\sim15$	$d=0.7\sim20$ $l=1\sim40$	$d=1.6\sim5$ $l=3\sim20$	$d=2\sim8$ $l=3.5\sim50$	$d=3\sim6$ $l=5\sim40$

　　铆接的画法应按铆接成形后的状态画出。铆接前,铆钉杆与钉孔之间有间隙,铆接后的铆钉杆涨粗(对紧固铆接而言),且与钉孔接触,所以应按基础固画。铆接的画法见表 8.6。

表 8.6 铆接的画法

铆接的示意画法	铆钉头的形状及位置	可见面	图　例						
		可见面	半圆头	沉头	半圆头	半沉头	半圆头	平锥头	半圆头
		不可见面	不可见面	半圆头	沉头	半圆头	半沉头	半圆头	平锥头
	剖视图的画法		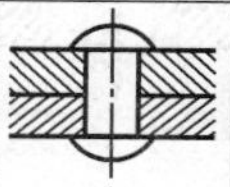	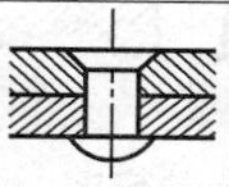	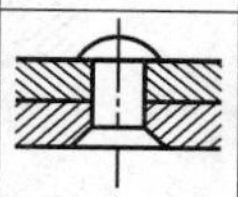	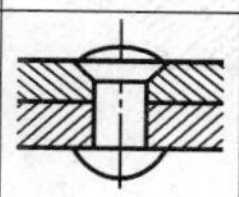	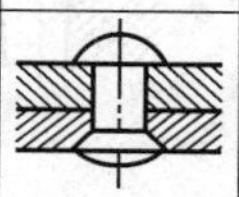	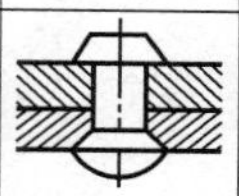	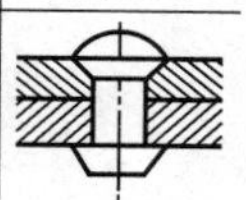
	铆钉端视图圆法								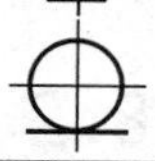

8.1.4　销及其连接的画法

1）销的形式及其规定标记

销既有连接功能，又有定位功能，以其结构简单、连接可靠、装拆方便而得到较广泛的应用。其形状和尺寸，在国家标准中都有相应的规定。表 8.7 列出了销连接形式及其规定标记。

表 8.7 销的形式及其规定标记

名称	型　式	规定标记与示例	连接画法示例
圆柱销	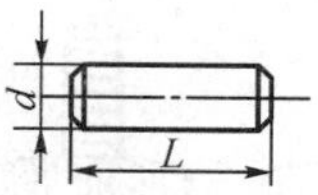	销 GB 119—86 -(类型代号)d×L	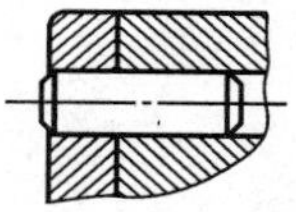
圆锥销	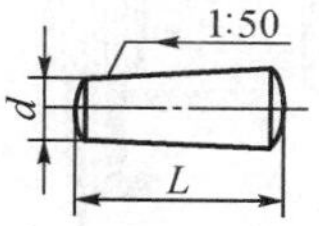	销 GB 117—86 -(类型代号)d×L	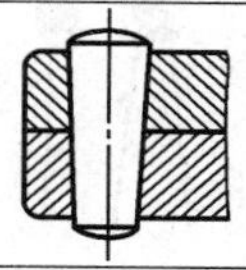
开口销	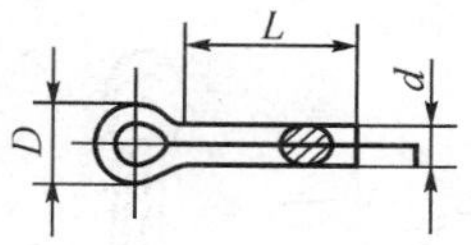	销 GB 91—86 - d×L	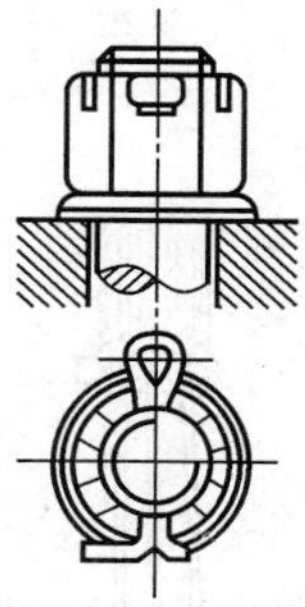

圆柱销是靠少量过盈固定在孔中的，所以不宜多次拆装，否则会降低配合精度。

圆锥销具有 1：50 的锥度，可弥补拆装后产生的间隙，其定位准确，装拆方便，可用于经常装拆的场合。圆锥销主要用于定位，也可固定零件，传递动力。

开口销由半圆形金属丝弯制而成，常与带孔螺栓、带槽螺母一起使用，防止螺母松脱。

2）销连接的画法

图 8.12(b)所示是圆柱销和圆锥销的连接画法。在剖视图中，当剖切平面通过销的轴线时，销按不剖绘制；若剖切平面垂直于销的轴线时，被剖切的销应画出剖面线。

用销连接的 2 个零件上的销孔是在装配时一起加工的。圆锥销孔的尺寸应引出标记，在零件图上应该注明，如图 8.12(a)所示。圆锥销公称直径是指小端直径。

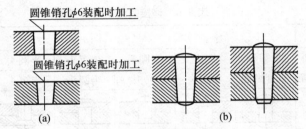

圆锥销孔φ6装配时加工

圆锥销孔φ6装配时加工

(a)　　　　　　　　(b)

图 8.12　销连接装配图

8.2　电子元器件外形图

8.2.1　晶体二极管和三极管

晶体二极管和三极管（以下分别简称二极管、三极管）是电子技术中最常用的半导体元器件，它们的种类很多，形状及尺寸也不相同，如图 8.13 所示。

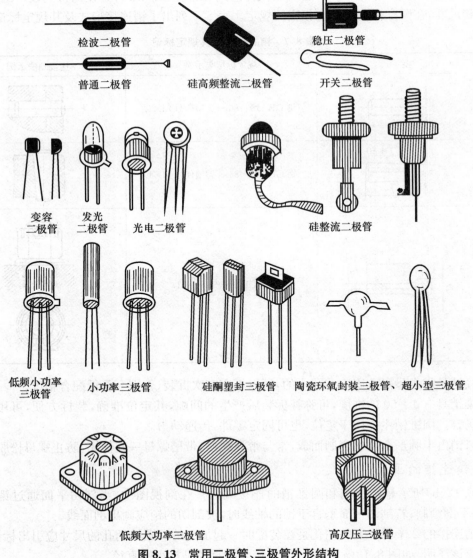

检波二极管　　　　硅高频整流二极管　　稳压二极管

普通二极管　　　　　　　　　　　　开关二极管

变容二极管　发光二极管　光电二极管　　　硅整流二极管

低频小功率三极管　小功率三极管　硅酮塑封三极管　陶瓷环氧封装三极管、超小型三极管

低频大功率三极管　　　　　高反压三极管

图 8.13　常用二极管、三极管外形结构

　　二极管和三极管的外形结构有很多种类型,各类型有相应的标准外形图并用字母表示。二极管有 EC 型、ED 型、EF 型等,如图 8.14 所示;三极管有 D 型、F 型、S-8 型等,如图 8.15 所示。

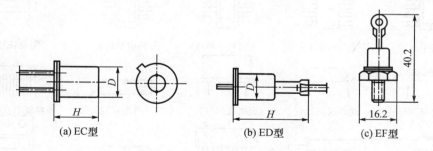

(a) EC型　　　　　　　　(b) ED型　　　　　　　　(c) EF型

图 8.14　二极管外形

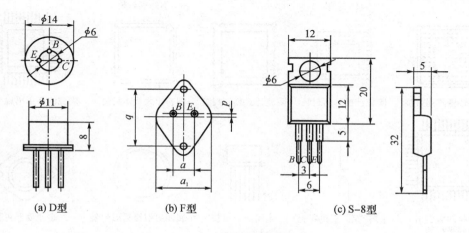

(a) D型　　　　　　　　(b) F型　　　　　　　　(c) S-8型

8.15　三极管外形

8.2.2　集成电路

　　集成电路封装就是将一个具有一定功能的集成电路芯片,放置在一个与之相适应的外壳容器中,为集成电路芯片提供一个稳定可靠的工作环境,起到机械保护作用,从而使集成电路芯片能够发挥正常的功能。集成电路具有重量轻、体积小、功耗小、性能好、电路稳定、可靠性高等优点,被广泛用于电子产品中。

　　1)集成电路封装分类

　　由于所用的外壳材料、结构形式以及安装要求的不同,集成电路封装有许多类型。以材料来划分,常用的有金属封装、陶瓷封装和塑料封装;以结构形式来划分,有单列式、双列式、扁平式、圆形及菱形;以安装要求来划分,分为插入式、表面安装式和直接黏结式。集成电路封装的类型如图 8.16 所示。

　　2)集成电路封装外形图和外形尺寸

　　(1)外形图

　　集成电路封装外形是用三视图表示的,如图 8.17 所示。

　　通过封装外形图可以掌握封装的外形结构、引线的方向、引出端识别标志和封装的主要尺寸,这对选用和安装集成电路封装产品是很有用处的。图 8.18 是 SOP8 封装的外形图。

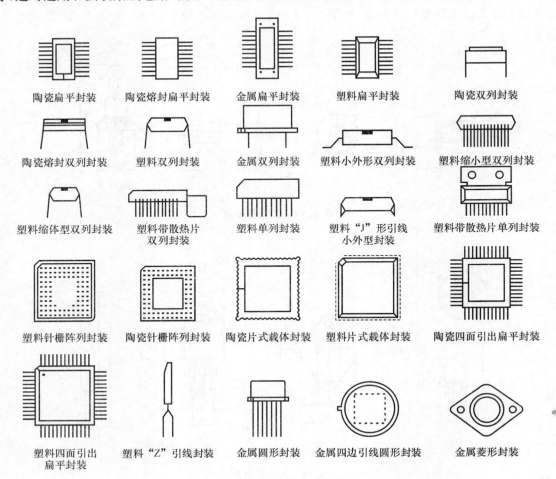

陶瓷扁平封装　　陶瓷熔封扁平封装　　金属扁平封装　　塑料扁平封装　　陶瓷双列封装

陶瓷熔封双列封装　　塑料双列封装　　金属双列封装　　塑料小外形双列封装　　塑料缩小型双列封装

塑料缩体型双列封装　　塑料带散热片双列封装　　塑料单列封装　　塑料"J"形引线小外型封装　　塑料带散热片单列封装

塑料针栅阵列封装　　陶瓷针栅阵列封装　　陶瓷片式载体封装　　塑料片式载体封装　　陶瓷四面引出扁平封装

塑料四面引出扁平封装　　塑料"Z"引线封装　　金属圆形封装　　金属四边引线圆形封装　　金属菱形封装

图 8.16　集成电路封装示意图

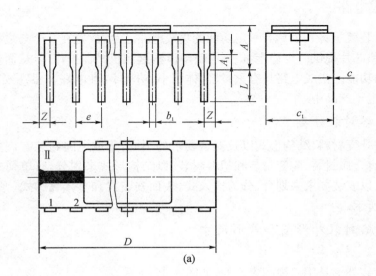

(a)

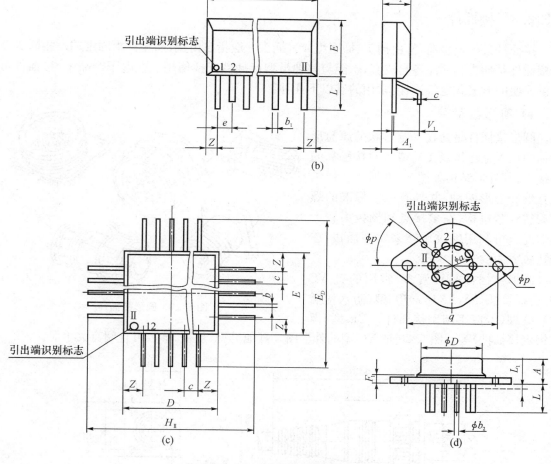

图 8.17 集成电路封装外形

（2）外形尺寸

在使用集成电路时，不仅要注意封装的长度、宽度、高度、引线的间距和跨度等主要尺寸，更要重视某些安装尺寸，否则容易造成集成电路安装不当或引起损坏。现对几个安装时需注意的外形尺寸简单说明如下。

A_1：指双列式、圆形、菱形等封装结构中底面到基面的距离，如图 8.17（a）所示。习惯上常把 A_1 在一组引线上的连线所形成的面，称为集成电路安装基面。

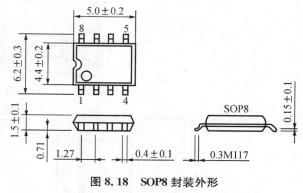

图 8.18 SOP8 封装外形

Z：指方形或矩形等封装结构中最外一根引线中心距到封装基体边缘的距离，如图8.17（c）所示。Z 的确定，不仅可以保证集成电路的一组引线在外壳生产时必须与封装基体装配对称，不能偏移，而且也使封装基体的长度或宽度尺寸必须一致，并达到公差要求。

e：指封装结构相邻两引线的中心距。对 e 尺寸的要求是非常严格的，一般公差精度都定在

$\pm 0.01 \sim 0.02$ mm 之间,否则将影响集成电路的使用和安装。

8.2.3　接插件

接插件又称连接器,常由插头、插座组成。插头一般指自由端,插座常指固定端。相同类型的接插件其插头和插座各自成套,不能与其他类型接插件互换使用。在电子产品中,接插件可提供简便的插拔式电气连接,常用的有以下几种:

1) 圆形接插件

圆形接插件是指在一定形状的原筒形壳体中设置绝缘体及 1 对或多对接触片的连接件,其外形结构如图 8.19 所示。插头有直形和弯形两种,并具有一个标准的螺纹旋转锁紧机构,在多接点和插拔力较大的情况下可利用螺纹旋转来实现插拔,连接比较方便。

圆形接插件品种繁多,常用的有 YC 型(直插接插件),FX16 - 7T 型(防水接插件),Q 型(卡口小圆型接插件),YL 型(螺纹锁定接插件)等。图 8.20 是 YC 型的外形图。其他类型、规格、参数可查阅有关手册。

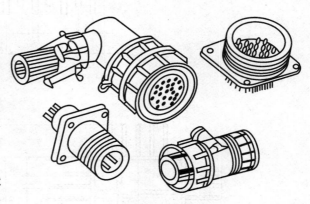

图 8.19　圆形接插件

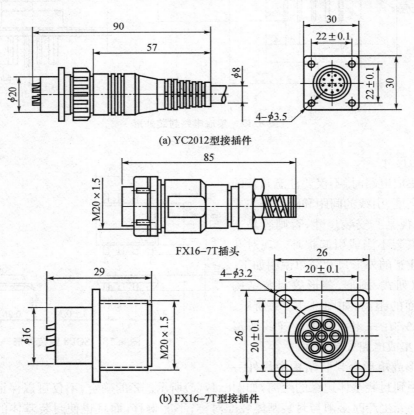

(a) YC2012型接插件

FX16-7T插头

(b) FX16-7T型接插件

图 8.20　圆形接插件的外形

2）矩形接插件

矩形连接器如图8.21所示，它是在绝缘性较好的塑料机座中分别装上重叠的金属接触对制成，接触对的矩形排列可以充分利用空间位置。

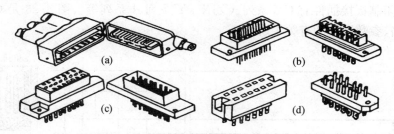

图8.21 矩形接插件常见的几种结构外形

矩形接插件的品种很多，有用于低频低压电路的，有用于脉冲电路的，也有用于高频混合电路的。它的接触对从几线到几十线不等，其排列方式有双排、3排和4排等。

国产矩形接插件常见的有 CA 型、CD 型、CS 型、AZ 型、JC 型、D 型等。图8.22是 CA 型、CD2 型的外形图。其规格、参数可查阅有关手册。

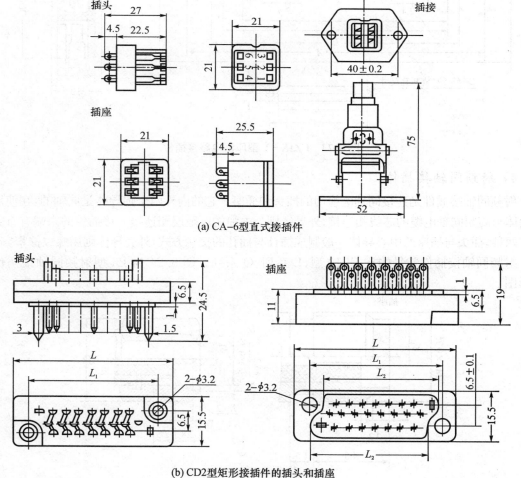

(a) CA-6型直式接插件

(b) CD2型矩形接插件的插头和插座

图8.22 矩形接插件的外形

3）印制板电路接插件

印制板电路接插件是为印制电路板专门设计制作的，它有直接型和间接型两种。间接型已取代了直接型。间接型是将插头的一端与印制板上的线条焊接固紧后构成插头组件，然后插入插座。常用的印制板接插件有 CY 系列、CZJX－Y 系列、J 系列等。图 8.23 是 CZJX－Y 型的外形图，其规格、参数可查阅有关手册。

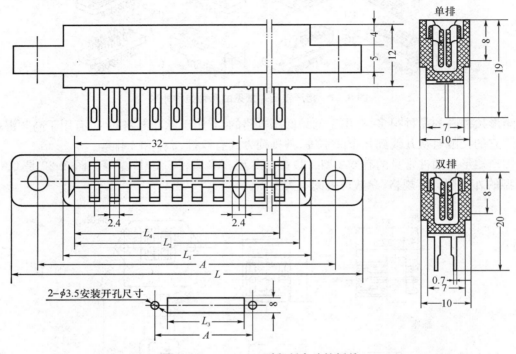

图 8.23　CZJX－Y 型印制电路接插件

4）射频同轴接插件

射频同轴接插件是连接同轴电缆用的插头和插座。它的内外两个圆导体是同轴的，在使用时内导体与高频同轴电缆的芯线相连接，外导体则与电缆的屏蔽层相连接。接插件的末端有直式和弯式两种，插头与插座的中心导体一般制成插针与插孔的接触方式，外壳导体则用螺纹拧紧。

射频同轴接插件常见的有 FL10 型、L 系列、Q 系列。图 8.24 为 L6 型射频同轴接插件的外形图。

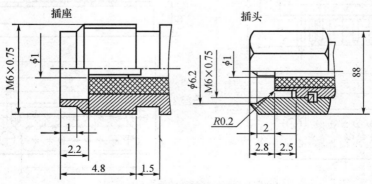

图 8.24　L6 型射频同轴接插件配合部分尺寸

8.2.4　开关件

开关件在各种电子设备中用于转换电路,接通或切断电源。在选用开关时,不仅要从电路要求上来考虑,而且要从整机面板布置的美观性和操作的方便性来考虑。下面介绍几种经常使用的较典型的开关。

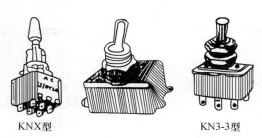

KNX型　　　　　　　KN3-3型

图 8.25　钮子开关

1) 钮子开关

钮子开关接点的工作状态是通过拨动钮柄使弹簧带动滚柱倒向某一对簧片,使两个固定接点接通来完成的。这种开关有单向、双向两种。钮子开关的外形如图 8.25 所示,图 8.26 是 KN4 型的外形图。

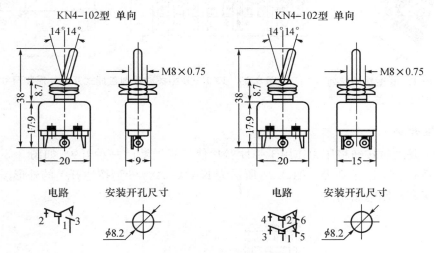

图 8.26　KN4 型钮子开关外形

2) 微动开关

微动开关是通过施加微小动作和力量来接通和断开电路,它通常有一组接点,其中有些是接通的,有些是断开的,当按下微动按钮时,原来接通的接点断开,而原来断开的接点接通,当外力消失后,开关接点又立刻复位。

微动开关的种类很多,常用的有 KW 型、KWX型和 KQ 型等。图 8.27 为 KQ 型微动开关的外形图。

3) 拨动开关

拨动开关也有很多类型,常用的有 KBB 型、KHB 型、KCK－B 型等。图 8.28 为 KCK－B 型拨动双列直插式开关,图 8.29 是其外形图和安装尺寸。

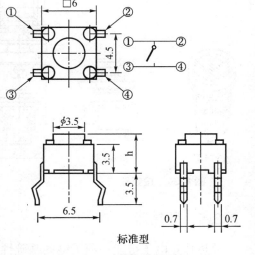

标准型

图 8.27　KQ 型轻触微动开关外形

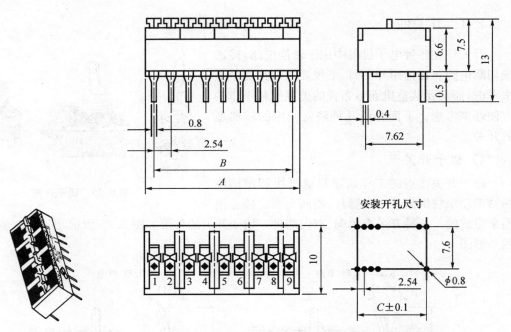

图 8.28　KCK－B 型拨动双列直插式开关

图 8.29　KCK－B 型拨动双列直插式开关外形和尺寸

4）按钮开关

　　按钮开关是通过按钮将压力作用于弹性簧片使接点通断的一种开关,如图 8.30 所示。常用的有 AN 系列、KAN 系列等。图 8.31 所示为 KAN－A8－6 型按钮开关的外形图,它可供电子设备中换接和控制电路用。

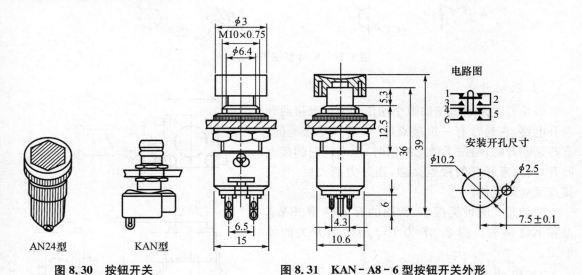

图 8.30　按钮开关

图 8.31　KAN－A8－6 型按钮开关外形

8.2.5　散热器

　　散热片是电子行业一项关键的基础性元件,目前电子行业中使用的散热片种类有叉指型散热片、铝合金型材散热片、DXC 型电子半导体器件用散热片等。各种散热片的外形结构适用于不同的场合。

常用的叉指型散热片有 SRZ101～106 型、SRZ111～119 型等。图 8.32 所示为 SRZ111～119 型叉指型散热片的外形图。

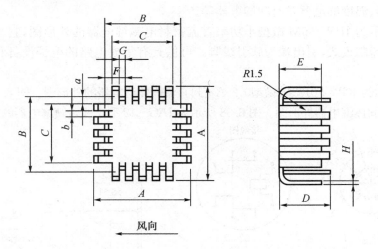

图 8.32 SRZ111～SRZ119 型叉指型散热片的外形

铝合金型材散热片的品种规格很多,各生产厂家产品的型号各不相同,使用时要注意。图 8.33 所示的是 SA 系列、SN 系列的铝合金型材散热片外形图。有关的生产厂家、型号及规格请参看有关手册。

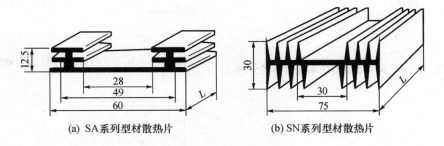

(a) SA系列型材散热片   (b) SN系列型材散热片

图 8.33 铝合金型材散热片外形

图 8.34 所示的是 DXC‑137 型、DXC‑322 型半导体器件用散热片的外形图。

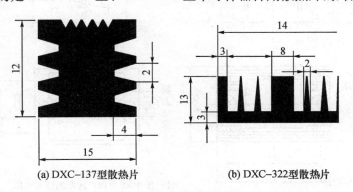

(a) DXC–137型散热片   (b) DXC–322型散热片

图 8.34 DXC型半导体器件用散热片外形

8.2.6 继电器

继电器的类型很多,有各种不同的分类方法,通常将继电器分为电磁继电器、固体继电器、干式舌簧继电器、温度继电器及时间继电器等。

图 8.35 所示为 JRW - 6M 微型小功率直流密封电磁继电器的外形图,它具有两组转换接点,安装形式为印制板式,引出端为软引线脚。可供具有集成电路的电子设备和自动装置中转换电路使用。

图 8.36 所示为 JGW - 0103M 微型0.25A密封直流固体继电器的外形图。图 8.37 所示为 JGX - 5F 小型 5A 交流固体继电器外形图。图 8.38 所示为 JAG - 12 型干式舌簧继电器的外形图。

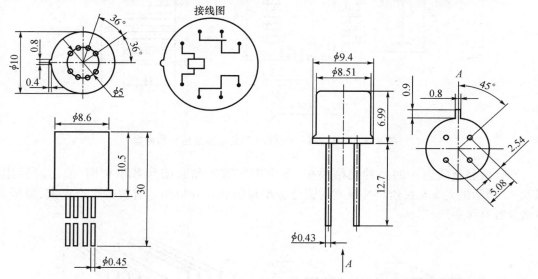

图 8.35　JRW - 6M 微型小功率继电器的外形

图 8.36　JGW - 0103M 微型继电器的外形

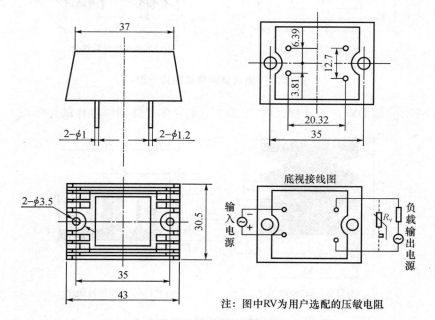

注：图中RV为用户选配的压敏电阻

图 8.37　JGX - 5F 小型继电器外形

8.2.7   微电机

通常情况下,微电机是指额定功率从零点零几瓦到 750 W,最大不超过 1.1 kW,而与之对应的机壳外径不大于 160 mm 或轴中心高不大于 90 mm 的微型电机。它包括两大类:一类是驱动微电机,另一类是控制微电机。

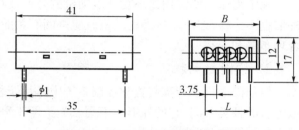

图 8.38   JAG—12 型继电器的外形

对于各种微电机,在生产和使用时不仅对它们的性能参数有严格要求,而且对它们的外形结构、外形尺寸及安装尺寸也有严格的要求,国标对此作了规定。本节将重点介绍微电机的外形结构、外形尺寸及安装尺寸。

1）驱动微电机

目前,根据国标规定,驱动微电机被称为小功率电动机,它用来驱动小型工作机械,其应用极为广泛。

一般用途的小功率电动机的外形图如图 8.39 所示,国标对其中的一些安装尺寸作了规定,GB 4772-84 规定的主要尺寸及其意义如图 8.39 所示。

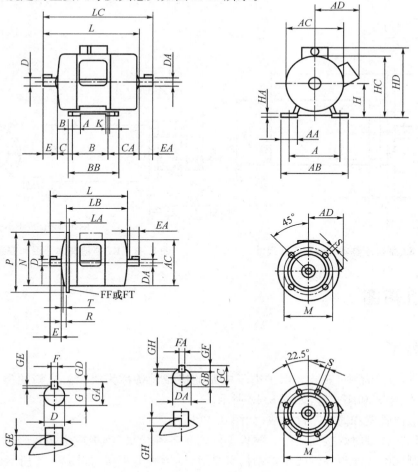

图 8.39   一般用途的小功率电动机的外形及符号

规定用途和特殊用途小功率电动机的外形及相关尺寸没有统一的规定,不同用途的电动机外形也不一样,在使用这类电动机时应查阅有关的资料,搞清楚它们的外形及相关的尺寸,以便合理布局和安装。

2) 控制微电机

控制微电机在计算装置和控制系统中是用于检测、放大、执行和解算的重要元器件。控制微电机的种类不同,它的外形也不同。为了便于生产和使用,国标对控制微电机机座外径、机座基本外形结构和安装尺寸作了规定。

如表 8.8 所示,每一个机座外径用一个机座号表示,机座的基本外形及安装尺寸分为九种类型,分别用代号 K1~K9 表示,某一类型可适用于几种机座号,并对安装有一定的要求。例如:K1 型(见图 8.40)适用于 12~45 号机座,安装型式为端部止口及凹槽安装;K2 型(见图 8.41)适用于 20~55 号机座,安装型式为端部止口及螺孔安装。控制微电机的机座基本外形型式和具体的安装尺寸见国标 GB 7346—87。

表 8.8　机座标准化参数

机座号	12	16	20	24	28	32	36	40	45	55	70	90	110	130	160*	200*	250*	320*
机座外径(mm)	12.5	16	20	24	28	32	36	40	45	55	70	90	110	130	160	200	250	320

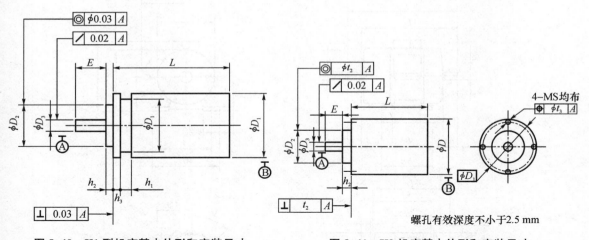

　　图 8.40　K1 型机座基本外形和安装尺寸　　　　　图 8.41　K2 机座基本外形和安装尺寸

8.3　机箱图

8.3.1　概述

在电子、电器产品中,安装和保护电子电路的机械设备称为机箱。机箱的类型很多,有柜式、台式、架式、箱式和座式等,如图 8.42 所示。

机箱一般由骨架和薄板零件构成,如图 8.43 所示。

骨架是用各种型材焊接而成的。薄板零件则是各种板材(钢板或铝板),经过展开下料、冲孔和压弯而制成的。薄板零件的基本结构有盒形、U 形和 L 形等,如图 8.44 所示。

本章主要介绍薄板零件的展开图画法、薄板零件的表达方法和尺寸标注。

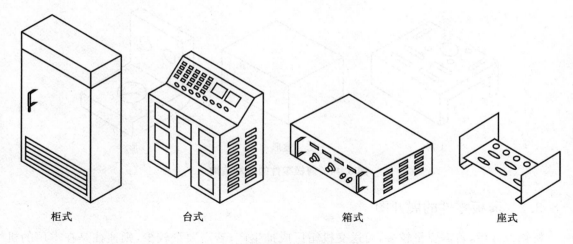

柜式　　　　台式　　　　箱式　　　　座式

图 8.42　机箱类型

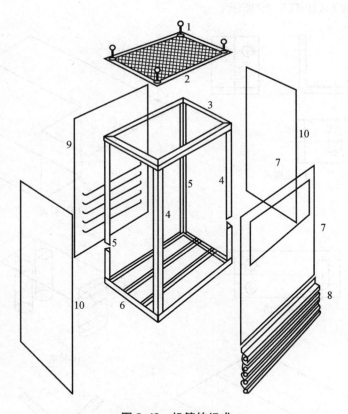

图 8.43　机箱的组成

1—吊环,2—顶盖,3—上框架,4—前左右立柱,5—后左右立柱,
6—下框架,7—前门,8—通风橱,9—后门,10—侧盖

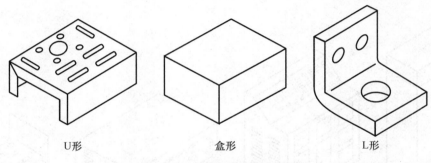

图 8.44　薄板零件的基本结构

8.3.2　薄板零件的展开图

　　机箱设计后,若需要量较多,可送交机箱厂成批生产;若需要量较少,则往往是在本厂的机械车间自己制造。

　　薄板零件的制造,一般先画出该零件的展开图,然后将板材按照展开图剪切成平面图形,再经过冲孔、压弯而成形,如图 8.45 所示。

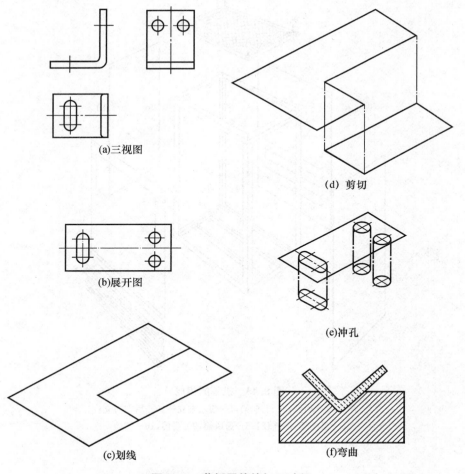

图 8.45　薄板零件的加工过程

从上述薄板零件的制造过程中反映出绘图时值得注意的问题是:材料在受压弯后其长度发生变化。如图 8.46 所示,坯料的内侧受到压缩而缩短,外侧受到拉伸而伸长。由于坯料在受压弯时会变形,那么,应该如何确定坯料在压弯后的长度尺寸呢? 在讨论这个问题之前,注意观察图 8.46。坯料在压缩与拉伸之间存在一层既不缩短也不伸长的中性层,在图中用点画线表示。因此,计算坯料在压弯后的长度尺寸,就是以这一中性层来计算的。计算的方法如下。

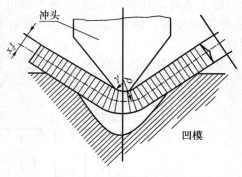

图 8.46　压弯过程金属的变形

1) 中性层位置的确定

中性层的位置 ρ 用下列经验公式计算:

$$\rho = r + x_0 t$$

式中: r 为内弯曲半径; t 为坯料的厚度; x_0 是小于 0.5 的系数,其值与 r/t 有关,可从表 8.9 查得。

表 8.9　弯曲 90°系数 x_0 的值(10~20 号钢)

r/t	0.1	0.25	0.5	1.0	2.0	3.0	4.0	4 以上
x_0	0.32	0.35	0.38	0.42	0.455	0.47	0.475	0.5

2) 坯料长度的计算

在确定中性层的位置之后,就可以进行坯料长度的计算。

计算坯料在受压弯方向的长度尺寸 L 时,可先将中性层的各直线长和各圆弧长分别求出,然后相加,即为坯料的长度。

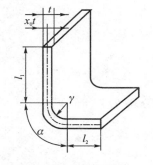

图 8.47　单角弯曲

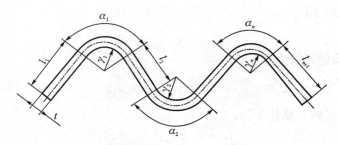

图 8.48　多角弯曲

如图 8.47 所示。当工件只有一个弯角 α 时,有

$$L = l_1 + l_2 + \frac{\alpha}{360°} \times 2\pi(r + x_0 t)$$

当工件上有多个弯角 $\alpha_1, \alpha_2, \cdots, \alpha_n$ 时(见图 8.48),有

$$L = l_1 + l_2 + \cdots + l_n + l_{n+1} + \frac{\alpha_1}{360°} \times 2\pi(r_1 + x_0 t) +$$

$$\frac{\alpha_2}{360°} \times 2\pi(r_2 + x_0 t) + \cdots + \frac{\alpha_n}{360°} \times 2\pi(r_n + x_0 t)$$

　　由上式计算坯料的长度是不十分准确的,因为有许多因素没有考虑进去,如材料的塑性、变形速度等。因此,在大量生产形状复杂的精密工件时,其坯料长度还需采用试验法加以修正。

　　例　给出弯角件如图8.49(a)所示,试求它的坯料长度、弯角线的位置和绘制该件的展开图。

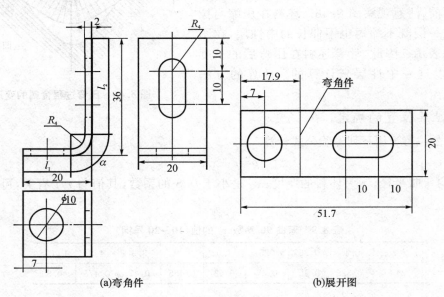

(a)弯角件　　　　　　　　　　　　(b)展开图

图8.49　弯角件

　　解:从图8.49(a)的主视图可知,这个零件只有一个弯角($\alpha=90°$)和两条直边。

　　(1) 两条直边的尺寸为:

$$l_1=20-2-4=14 \text{ mm}$$
$$l_2=36-2-4=30 \text{ mm}$$

　　(2) 因 $\dfrac{r}{t}=\dfrac{4}{2}=2$,从表8.9查得:

$$x_0=0.455$$

故弯角的弧长为:

$$l_a=\frac{\alpha}{360°}\times 2\pi(r+x_0 t)=\frac{90°}{360°}\times 2\pi(4+0.455\times 2)\approx 7.7 \text{ (mm)}$$

因此,坯料的总长度为:

$$L=l_1+l_2+l_a=14+30+7.7=51.7 \text{ (mm)}$$

　　(3)弯角线应该位于弯角的中点处,即在 $l_1+\dfrac{l_a}{2}$ 处。因此,弯角线离坯料左边 $14+\dfrac{7.7}{2}\approx$ 17.9 (mm)处。

　　(4)绘制展开图

　　确定上述尺寸后,就可绘制展开图,如图8.49(b)所示。

　　本例的弯角线在展开图上用细实线表示。

8.3.3　薄板零件的画法

　　薄板零件一般是经过压弯而制成,所以零件图上的圆角较多。另外,薄板零件一般都有很多小孔,所以零件图上的虚线也较多,因此,为画图和读图带来一定的困难。但这些困难可以通过正确选择视图和注意画图技巧而得以克服。

（1）尽量选用展开图配合视图来表达零件。如图 8.50 所示的零件,图 8.50(a)用三视图表达;图 8.50(b)用一个主视图和一个展开图表达。对比这 2 种表达方式,可以看出:图 8.50(a)在画法上显得较复杂,且没有反映出 $\phi10$ 小孔的实形;图 8.50(b)的主视图着重反映弯角的实形和大小,而用展开图反映坯料上小孔的实形和尺寸,用这 2 个简单的图,就能清晰地表达这个薄板零件的形状和大小,且画法最简单。

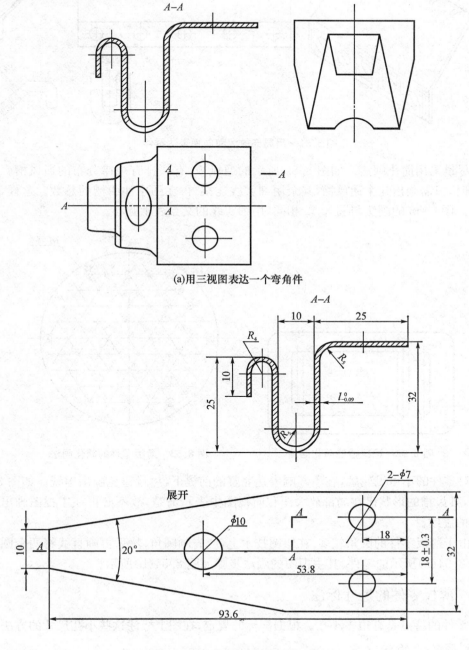

(a)用三视图表达一个弯角件

(b)用主视图和展开图表达同一个弯角件

图 8.50 用主视图和展开图表示薄板零件

（2）尽量采用局部放大图和向视图表达零件。如图 8.51 所示的零件,图中用主视图表示零件的主要外形;左视图采用全剖表示零件的内部结构和弯角的实形;再用 2.5∶1 的比例,将齿槽放大以便标注尺寸(图中没有标出尺寸);用 B 向视图表达齿槽的实形。这样,用几个简单的视图,能清晰完整地表达这个复杂的零件。

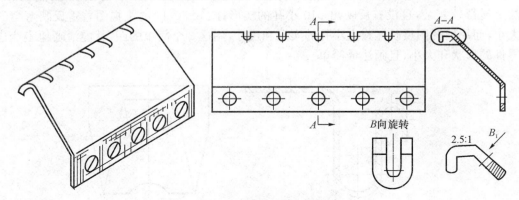

图 8.51　用局部放大和向视表达零件

（3）尽量采用简化画法。如图 8.52 所示的通风板,有一排有规律分布的通风槽。表示这排通风槽时,只需画出几个通风槽,其余用细实线连接,再在图中注明槽的总数。这样,画图就简化多了。图 8.53 的画法与图 8.52 相同,用细实线的交点表示圆心。

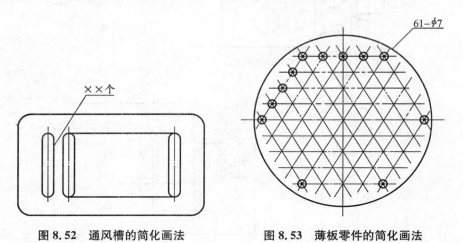

图 8.52　通风槽的简化画法　　　　**图 8.53　薄板零件的简化画法**

（4）对零件的不可见轮廓,在不影响表达完整的前提下,尽量避免画出虚线。如图 8.51 所示的零件,其齿槽的形状已在局部放大图和向视图中表示清楚,故不必再在主视图画出齿槽不可见轮廓的虚线。

（5）由于薄板零件的圆角较多,在绘图技术上,应先画圆角,然后再画直线将两个圆弧连起来。如图 8.54(a)所示的零件,其主视图的画法步骤如图 8.54(b)所示。

8.3.4　薄板零件的尺寸标注

薄板零件的特点是有很多小孔。根据国标的规定,在图上标注这些小孔尺寸的方法如下。

1) 定形尺寸的标注方法

（1）对于长圆形孔或凸台的尺寸,可用图 8.55 所示的方法标注。

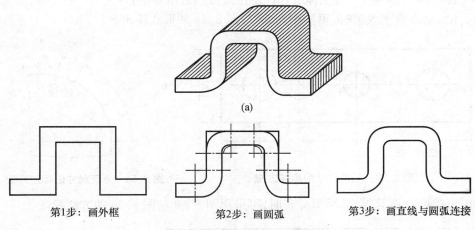

图 8.54 薄板零件的圆角画法

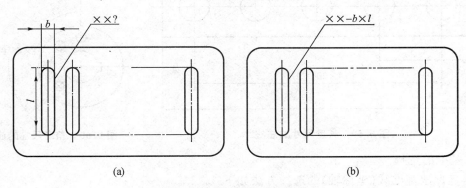

图 8.55 长圆形孔或凸台的尺寸标注

(2) 对于均匀分布的相同小孔,其尺寸可按图 8.56 所示的方法标注。

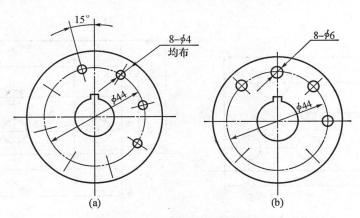

图 8.56 均匀分布相同小孔的尺寸标注

(3) 在同一图形中,具有几种尺寸数值而又重复的小孔,其标注方法可见第六章。

2) 定位尺寸的标注方法

因为同一薄板零件上的小孔很多,这些小孔又都是在冲床(或钻床)上制造的,为了保证各孔之间的位置尺寸,在图纸上采用二维坐标注法。

（1）根据国标的规定，二维坐标法标注定位尺寸的方法如下：

①标注长度或角度数值时，可按图 8.57 与图 8.58 的形式注出。

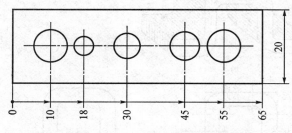

图 8.57 长度尺寸的标注方法

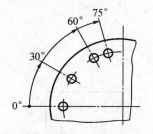

图 8.58 角度尺寸的标注方法

②相同的要素（图孔等）等距离分布时，可采用图 8.59 与图 8.60 的方法标注。

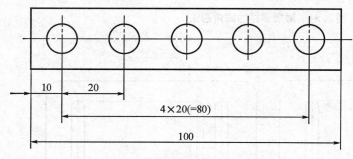

图 8.59 长度尺寸的注法

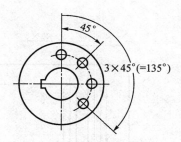

图 8.60 角度尺寸的注法

（2）基准的选择

二维坐标法基准线（坐标轴）的选择方法如下：

①以零件的边沿为量度小孔位置尺寸的基准。如果零件的边沿是经过机械加工的，一般可选取零件的底边为 Y 方向的基准，选择零件的左侧边为 X 方向的基准，如图 8.61 所示。

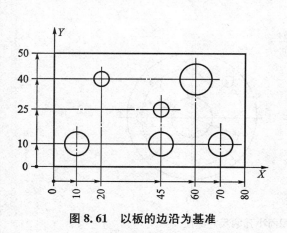

图 8.61 以板的边沿为基准

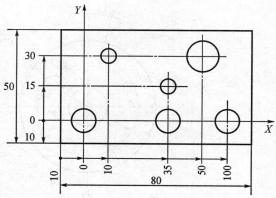

图 8.62 以孔的中心线为基准

②以孔的中心线为量度其他小孔位置尺寸的基准。为了保证各孔之间的距离，又常常选择一排的中心线（通常选底排）为基准，如图 8.62 所示。

9 常用低压电器设备与成套装置外形图

9.1 常用低压电器设备外形图

9.1.1 胶盖瓷底刀开关

胶盖瓷底刀开关结构简单,由刀开关和熔断器组合而成。在瓷底板上装有进线座、静触头、熔丝、出线座和铜质刀片式的动触头。上面装以胶木盖,以防止电弧和触及带电体伤人,胶盖上开有与刀片式动触头数(极数)相同的槽,便于动触头上、下启动进行与动触点"分"、"合"操作。

HK2 型二、三极胶盖瓷底刀开关的外形结构如图 9.1 所示,其外形尺寸及安装尺寸如表 9.1 所示。

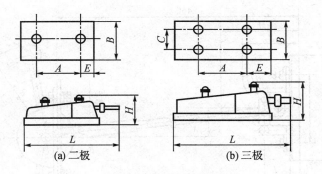

(a) 二极   (b) 三极

图 9.1 胶盖瓷底刀开关的外形结构

表 9.1 HK2 胶盖瓷底刀开关外形尺寸及安装尺寸 （mm）

L	H	B	A	C	H		E
133	58	55	64	—	58	18	18
166	66	62	89	—	66	18	18
189	90	62	106	—	64	20	20
191	67	84	95	25	65	27	23
226	82	100	130	35	78	35	35
280	90	130	142	40	93	35	35

9.1.2 HD13 杠杆刀开关

常用的杠杆刀开关有中央正面杠杆操作机构式单投或双投刀开关。这种开关操作比较方便安全,HD13 作为不频繁地手动接通和分断电流回路或起到隔离开关的作用。

HD13 - 100、200、400 型开启式刀开关的外形及安装尺寸如图 9.2 所示。

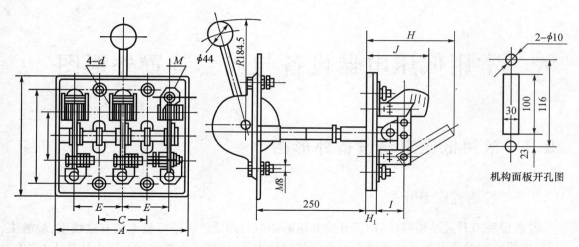

图 9.2　HD13－100、200、400 开启式刀开关的外形及安装尺寸

　　HD13－100、200、400 型专供 BDL 开关板用刀开关的外形及安装尺寸如图 9.3 及表 9.2 所示。

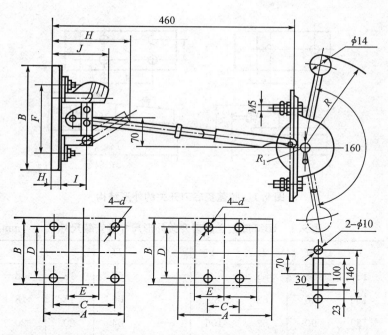

图 9.3　HD13－100、200、400 专供 BDL 开关板用刀开关的外形及安装尺寸

表 9.2　HD13 开启式刀开关外形尺寸及安装尺寸　　　　　　（mm）

额定电流（A）	极数	A	B	B_1	C	D	E	F	M	H	H_1	I	J	d	R
100	2	200	200		160	160	80	80	8		25	43	110	$\phi 7$	159.5
	3	220			80										
200	2	200	200		160	160	80	80	8		25	43	110	$\phi 7$	159.5
	3	220			80										

（续表 9.2）

额定电流（A）	极数	A	B	B_1	C	D	E	F	M	H	H_1	I	J	d	R
400	2	220	210		180	160	90	90	12		25	52	133	$\phi7$	184
	3	250			90										
600	2	250	300	210	200	160	100	100	16	189	25	47	151	$\phi9$	184.5
	3	300			100										
1 000	2	290	320	210	240	160	120	120	12	227.5	30	55	183	$\phi9$	234.5
	3	340			120										
1 500	2	320	360	210	260	160	130	136	12	233	30	65		$\phi11$	234.5
	3	380			130										

9.1.3 HD18 隔离开关

HD18 空气式隔离器用做无载操作隔离电源，主要在各低压配电系统以及冶炼、电解、整流、交通等设备中将线路与电源隔开，以保证检修人员的安全。

HD18 隔离器是采用组合式的结构形式，由触头、支架和传动结构等部分组成。动、静触头采用双断点对接式接触形式。静触头为矩形，内有通风孔，外有散热筋，采用精密铸造工艺。触头分为 2 500 A、4 000 A 两种规格。支架、传动机构都采用通用件组成。隔离器均附有 3 动合、3 动断的辅助开关。有"0"，"1"分合符号。触头的分合是通过操作手柄带动凸轮、导向件、摇臂、转轴达到触头的分合。操作手柄有锁扣机构。动力操作时，电动机通过锁扣机构使手柄转动，达到触头"分"和"合"的目的。

HD18 动力操作隔离器外形及安装尺寸如图 9.4 及表 9.3 所示。

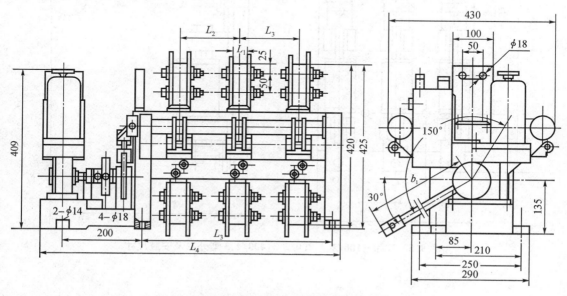

图 9.4 HD18 动力操作隔离器的外形及安装尺寸

表 9.3　HD18 动力操作隔离器的外形尺寸及安装尺寸　　　　　　　　（**mm**）

额定电流（A）	L_1	L_2			L_3			L_4			b_1		
		单极	二极	三极	单极	二极	三极	单极	二极	三极	单极	二极	三极
2500	30	—	150	150	180	340	480	445	603	745	350	350	450
4000	40	—	180	180	220	400	600	485	665	865	350	350	450

9.1.4　熔断器式隔离开关

熔断式器隔离开关可采用刀开关形式,作为通断电源之用,同时和管式熔断器配合使用,能起到短路和过负荷保护作用,但不允许带负荷操作及直接通断电动机。

隔离器电源开关部分采用与开启式刀开关相同的结构形式,操作方式为中央手柄式,接线方式为板前接线。

隔离器起电路保护作用的部分采用 RT0 系列封闭管式熔断器,其分断能力高,使用安全,断开短路电流时无声光现象,并且有醒目的熔断指示。

HG0 – 100/2、3,200/2、3,400/2、3 型外形及安装尺寸如图 9.5 及表 9.4 所示。

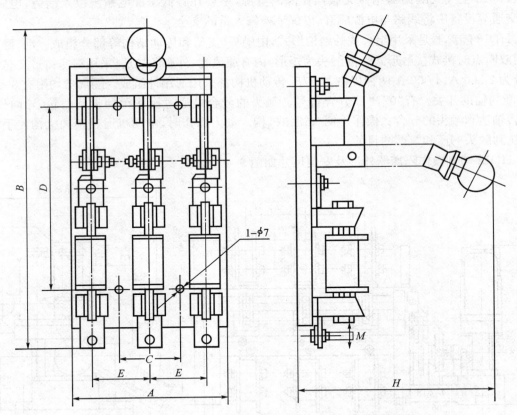

图 9.5　HG0 – 100/2、3,200/2、3,400/2、3 型外形及安装尺寸

表 9.4　HG0 系列熔断器式隔离器的外形尺寸及安装尺寸　　　（mm）

型　号	A	B	C	D	E	H	M
HG0 - 100/2	190	347.5	160	145	70	220.5	8
HG0 - 100/3	210		70				
HG0 - 200/2	190	357.5	160	216	80	220.5	8
HG0 - 200/3	210		80				
HG0 - 400/2	190	433	165	250	90	270	12
HG0 - 400/3	235		90				

9.1.5　铁壳开关

　　常用的铁壳开关为 HH3 系列,这种开关可以不用频繁地手动操作,用来接通或分断负荷电路,并作为电器设备的保护电路。对于 60A 以下等级的铁壳开关,还可作为交流感应电动机不频繁直接启动及分断之用。

　　HH3 - 15、30、60、100、200A 的铁壳开关外形分别如图 9.6、图 9.7 及表 9.5 所示。

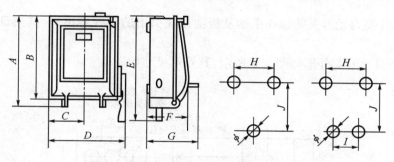

图 9.6　HH3 - 15、30、60A 铁壳开关外形图

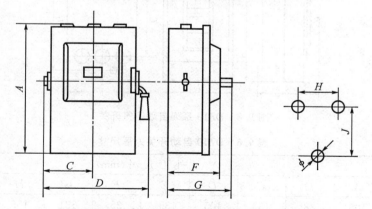

图 9.7　HH3 - 100、200A 铁壳开关外形图

表 9.5 铁壳开关外形尺寸及安装尺寸

型 号	外形尺寸(mm)							安装孔及孔距(mm)			
	A	B	C	D	E	F	G	H	I	J	φ
HH3 - 15/3	220	205	90	206	255	90	110	110		160	6
HH3 - 30/3	270	250	108	238	312	106	125	110		210	6
HH3 - 60/3	378	354	145	314	468	130	198	220	160	294	7
HH3 - 100/3	440		158	360		195	245	240	240	382	9
HH3 - 200/3	520		158	360		205	260	265	265	450	9

9.1.6 DZ10、DZ15 型自动开关

低压自动开关主要用于交流 50 Hz、额定电压 380 V、额定电流 4 000 A 的配电网络中,作为分配电能和线路及电源设备的过负荷、欠电压和短路保护,也可作为线路的不频繁转换及电动机的不频繁启动之用。

低压自动开关主要由主触头系统、操作机构、脱扣器和绝缘外壳底架、手动操作机构等组成。

DZ10、DZ15 型自动开关除操作手柄及板前接线引出的接线露出外,其余部分均安装在塑料压制的壳内。

DZ10 系列自动开关外形如图 9.8 所示,其外形尺寸如表 9.6 所示。

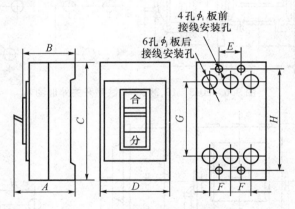

图 9.8 DZ10 系列自动空气开关

表 9.6 DZ10 自动开关外形尺寸

型 号	外 形 尺 寸(mm)									
	A	D	C	D	E	F	G	H	$φ_i$	$φ_j$
DZ10 - 100	105	88	153	105	35	35	131	135	5	8
DZ10 - 250	141	110.5	276	155	51	51	240	240	9	13
DZ10 - 600	154.5	116.5	395	210	70	70	325	360	11	22

DZ15 - 40 型自动开关可作为配电、电动机、照明线路的过载和短路保护及可控硅元件交流侧短路保护之用,也可作为线路的不频繁转换及电动机的不频繁启动之用。该自动开关按极数可分为单极、二极、三极和四极四种;按保护形式可分为配电用、保护电动机用、照明线路用和可控硅交流侧保护用四种;按脱扣器额定电流可分为 10 A、15 A、20 A、30 A 及 40 A 五级。

DZ15－40型塑壳自动开关的外形及安装尺寸如图9.9所示。

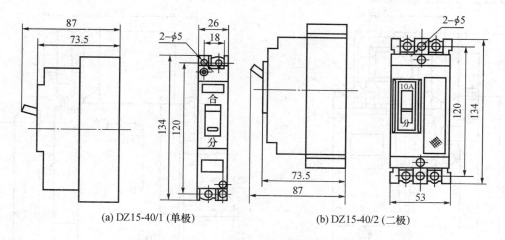

(a) DZ15-40/1 (单极)   (b) DZ15-40/2 (二极)

图 9.9   DZ15－40 型自动开关的外形及安装尺寸

9.1.7   DW15 型框架式自动开关

DW15 框架式自动开关又称为万能式断路器。本系列自动开关结构具有结构紧凑、体积小、质量轻、快速合闸、通断能力高等优点。

DW15－200、400、630A 自动开关为立体式布置。在绝缘底板上安装触头系统。操作机构装在正面或右侧面,正面为中央手柄操作,在操作手柄左侧有"分"、"合"指示及手动断开按钮。侧面操作机构分有侧面的手动断开按钮和正面前方的"分"、"合"指示。快速电磁铁安装在触头系统的下方。其衔铁与触头连杆成联动。热式长延时保护环节的速饱和电流互感器和半导体式保护环节的电流电压变换器均套穿在母线上。欠电压脱扣器及其延时环节装于触头前下方,分励脱扣器装在操作机构左上方。自动开关操作机构 1 采用储能式,使触头闭合速度与操作速度无关。

DW15 型自动开关外形及安装尺寸如图 9.10 和图 9.11 所示。

9.1.8   AH 系列框架式自动开关

AH 系列框架式自动开关可作为电力设备的过载、短路和欠电压保护,以及在正常工作条件下进行线路的不频繁转换。

自动开关由触头系统、操作机构、各种脱扣器、附件、隔离触头、框架、抽屉座等组成。

自动开关按用途分有配电用及保护发电机用两种;按合闸操作方式分有电动机储能式合闸、电磁铁合闸、手动储能合闸;按安装方式分有固定式及抽屉式;按使用环境温度分有一般型、耐热型、耐寒型。

自动开关具有电子式过电流脱扣器、电磁式瞬时过电流脱扣器、分励脱扣器、电容器脱扣装置及欠电压脱扣器等多种脱扣装置。

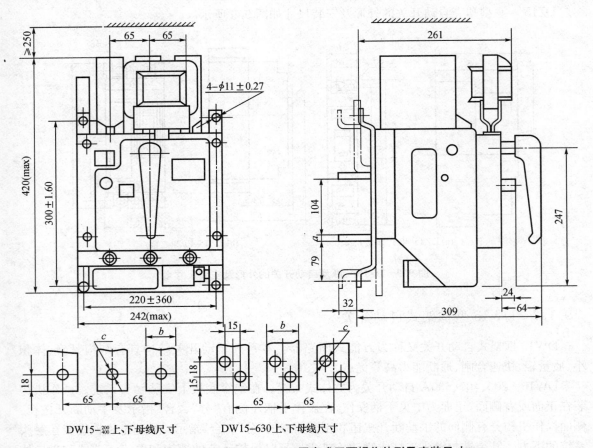

DW15-$^{200}_{400}$上、下母线尺寸　　　DW15-630上、下母线尺寸

图 9.10　DW15 - 200、400、630 固定式正面操作外形及安装尺寸

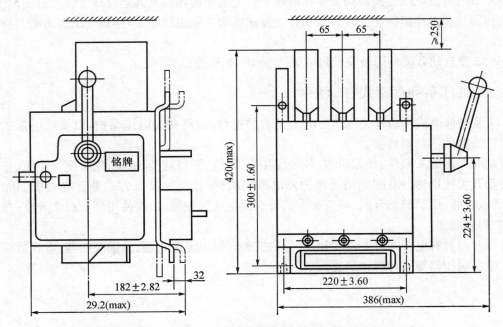

图 9.11 DW15 - 200、400、630 固定式侧面操作外形及安装尺寸

　　AH-6B、AH-10B、AH-16B型固定式自动开关外形见图9.12,其各种附属装置的外形及安装尺寸见图9.13～图9.17。

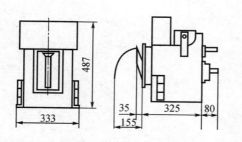

图9.12　AH-6B、AH-10B、AH-16B型固定式自动开关外形

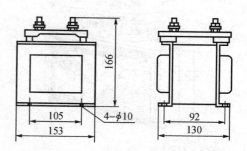

图9.13　电源变压器外形及安装尺寸

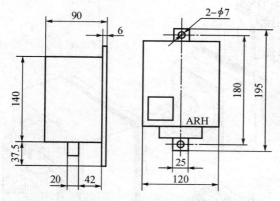

图9.14　电磁铁合闸整流器外形及安装尺寸

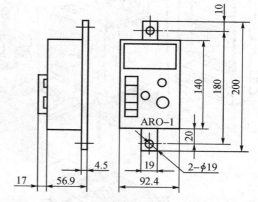

图9.15　过电流脱扣器电源装置外形及安装尺寸

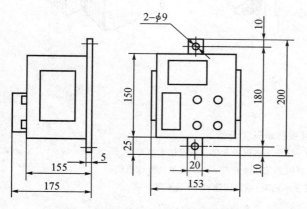

图9.16　电容器脱扣装置外形及安装尺寸

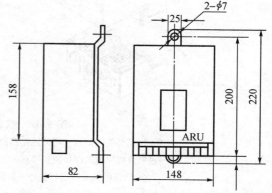

图9.17　交流欠电压控制装置外形及安装尺寸

9.1.9　C系列自动开关

　　C系列自动开关有整体式、组装式两种。常用的整体式结构的自动开关额定电流为100～1 250 A。组装式自动开关有自动开关、组装座、漏电保护元件、操作手柄开关、远距离电动操作机构等11个部件组成,如图9.18所示。组装式开关最大的优点是根据配电装置中供电需要,选择部件进行组装。

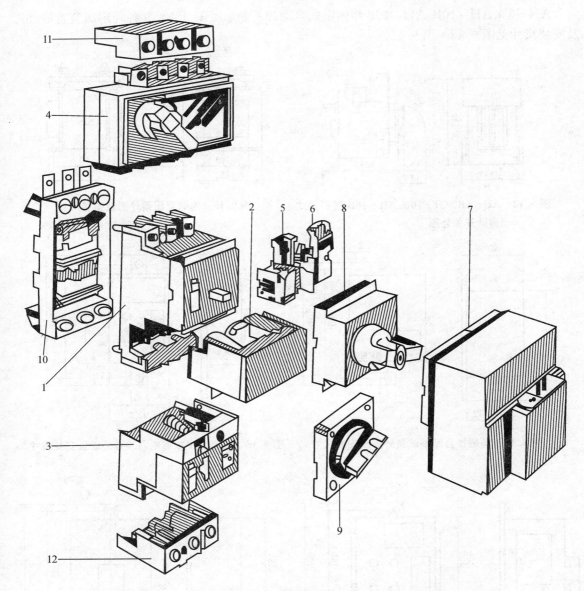

图 9.18　组装式自动开关元件

1—自动开关座架;2—可调脱扣器;3—接地漏电保护元件;4—操作手柄开关;

5—过电流或欠电压保护脱扣器;6—控制报警信号装置;7—远距离电动操作机构;

8—旋转手柄及锁定装置;9—旋转手柄;10—组装底座;11—端子保护罩

C160N、C160H 固定式及组装式自动开关外形安装尺寸如图 9.19 所示。

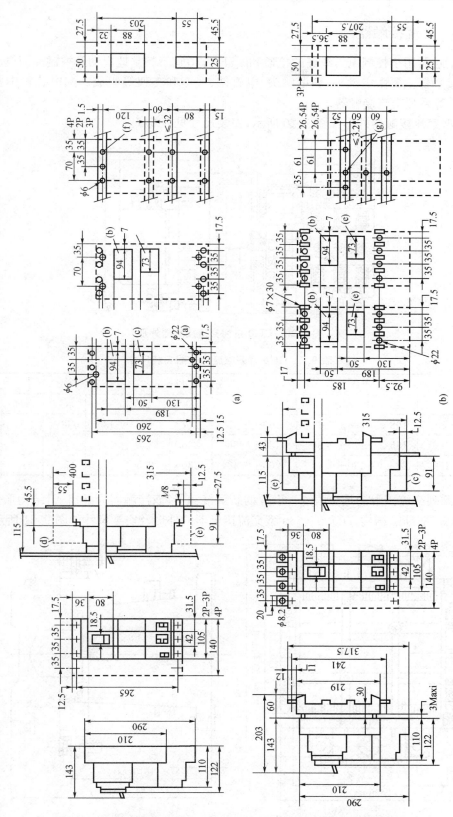

图 9.19 具有报警装置的 C160N、C160H 自动开关外形和安装尺寸

9.1.10　交流接触器

交流接触器用于控制电力线路的接通和断开,并适宜于频繁地启动及控制交流电动机。

交流接触器主要由主触头、辅助触头、电磁铁、底座和支架等组成。配电装置中常用的有 CJ10、CJ20 等系列交流接触器。

CJ10 型家流接触器外形如图 9.20 所示,安装尺寸见表 9.7。

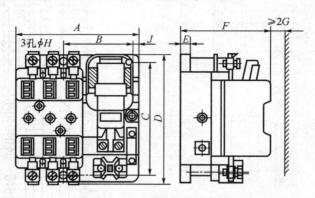

图 9.20　CJ10 系列交流接触器外形

表 9.7　CJ10 系列交流接触器安装尺寸

型　号	安装尺寸(mm)								
	A	B	C	D	E	F	G	ϕH	J
CJ10 – 60	168	98±0.3	160±0.45	177	12	135	30	7	10
CJ10 – 100	195	110±0.36	180±0.36	206	13.5	143	75	9	11
CJ10 – 150	222	130±0.43	205±0.43	230	16.5	155	70	11	11

CJ20 系列交流接触器是全国统一设计的新型接触器,该接触器为开启式,结构形式为直动式、立体布置、双断点结构。CJ20 – 630 型交流接触器的外形及安装尺寸如图 9.21 所示。

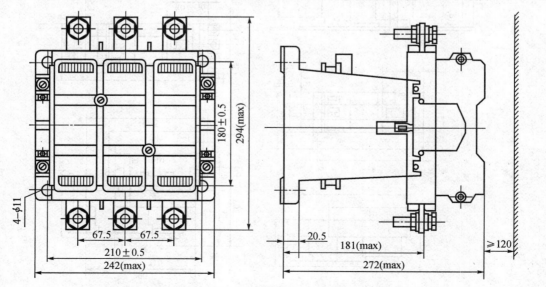

图 9.21　CJ20 – 630 型交流接触器的外形及安装尺寸

9.1.11　漏电保护器

常用的漏电保护器为电流型,电流型漏电保护器又可分为三相和单相两种,根据其结构还可分为纯电磁式和电子式两种。有的做成组装式,有的做成整体式,同时根据线路绝缘电阻的大小,做成反时限的触电保安器。

LK－ZC45 型漏电保护器由 C45N 小型自动开关与漏电部分拼装组合成漏电保护器,具有过载、短路和漏电保护的作用。LK－ZC45 型漏电保护器的外形及安装尺寸见图 9.22。

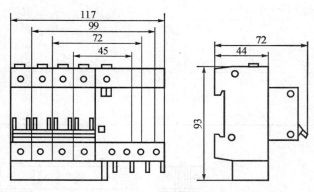

图 9.22　LC－ZC4 系列漏电保护器外形及安装尺寸

9.1.12　低压熔断器

在配电装置的短路故障和过负荷保护中,熔断器保护起着重要的作用。一方面,低压线路发生短路时,其电流达到熔丝额定电流的 1.3～2.1 倍时,在一定的时间内熔丝受热熔断,自动切断短路电流,保护低压配电设备的安全;另一方面,配电变压器的出线工作电流等于配电变压器的额定电流时,熔丝起到配电变压器的过载保护作用。

1) RM10 系列熔断器

RM10 系列熔断器为无填料封闭管式熔断器,由熔断管、熔体及触座组成,具有结构简单、更换熔体方便等优点。

RM10－100～350A 熔断器外形及安装尺寸如图 9.23、图 9.24 及表 9.8、表 9.9 所示。

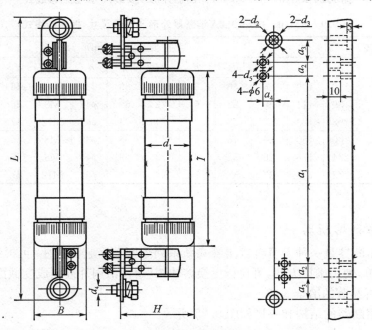

图 9.23　RM10－100～350A 熔断器外形及安装尺寸(板前接线式)

表 9.8　RM10‑100～350A 熔断器外形及安装尺寸(板前接线式)

额定电压(V)	额定电流(A)	主 要 尺 寸(mm)												
		L	I	B	H	d_1	d_2	d_3	d_4	d_5	a_1	a_2	a_3	a_4
220	100	195	100	46	63	$\phi39$	$\phi14$	$\phi9$	M8	$\phi0$	113	12	19	9
	200	205	111	52	72	$\phi46$	$\phi14$	$\phi9$	M8	$\phi10$	123	12	19	9
	350	270	123	68	94	$\phi61$	$\phi20$	$\phi14$	M12	$\phi13$	140	20	28	12
380	100	245	150	46	63	$\phi39$	$\phi14$	$\phi9$	M8	$\phi10$	163	12	19	9
	200	270	176	52	72	$\phi46$	$\phi14$	$\phi9$	M8	$\phi10$	188	12	19	9
	350	345	198	68	94	$\phi61$	$\phi20$	$\phi14$	M12	$\phi13$	215	20	28	12

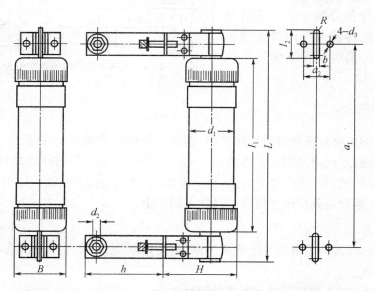

图 9.24 RM10‑100～350A 熔断器外形及安装尺寸(板后接线式)

表 9.9　RM10‑100～350A 熔断器外形及安装尺寸(板后接线式)

额定电压(V)	额定电流(A)	主 要 尺 寸(mm)											
		L	I_1	I_2	B	b	H	h	d_1	d_2	d_3	a_1	a_2	R
220	100	150	100	26	46	6	63	69	$\phi39$	M8	$\phi6$	125	25	3
	200	159	111	26	52	6	72	69	$\phi46$	M8	$\phi6$	135	26	3
	350	198	123	37	68	7	94	73	$\phi61$	M12	$\phi7$	160	30	3.5
380	100	200	150	26	46	6	63	69	$\phi39$	M8	$\phi6$	175	25	3
	200	224	176	26	52	6	72	69	$\phi46$	M8	$\phi6$	200	26	3
	350	273	198	37	68	7	94	73	$\phi61$	M12	$\phi7$	235	30	3.5

2) RM7 系列熔断器

RM7 系列熔断器是一种无填料封闭管式新系列熔断器。它由插座、可拆卸的熔断管及熔体组成,结构简单,使用维护方便,可自行更换熔体,其熔体由铜片冲制成变截面形状,中间加低熔点锡合金,具有显著的冶金效应。

RM7 系列熔断器的结构和外形如图 9.25 所示。

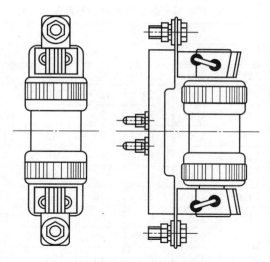

图 9.25 RM7 系列熔断器

3）RS0 系列熔断器

RS0 系列熔断器由盖板、衬垫、熔断管、熔体、指示器、填料与外部连接的接线头等几部分组成。熔体制成"V"形的狭窄截面或网状形式，因此具有快速性。其基本结构如图 9.26 所示。

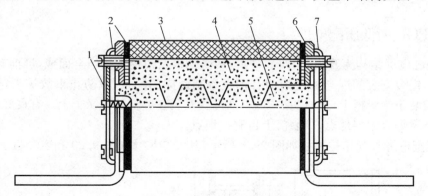

图 9.26 RS0 系列快速熔断器基本结构

RS0－30、50A 熔断器外形及安装尺寸如图 9.27 及表 9.10 所示。

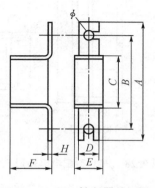

图 9.27 RS0－30、50A 熔断器外形及安装尺寸

表 9.10　RS0 系列熔快速断器外形及安装尺寸

额定电压 (V)	额定电流 (A)	主 要 尺 寸(mm)							
		A	B	C	D	E	F	H	φ
250	30、50	115	100	59	15	25	45	2	7
500	30、50	135	120	79	15	25	45	2	7
250	80	120	100	61	20	40	42.5	2.5	7×10.5
500	80	140	120	81	20	40	42.5	2.5	7×10.5
250	150	125	100	62	25	46	50	3	9×13.5
500	150	145	120	82	25	46	50	3	9×13.5
250	350	130	100	65	30	55	61	5	9×13.5
500	200、250、320	150	120	85	30	55	61	5	9×13.5
750	250、320	150	120	85	30	55	61	5	9×13.5
250	480	135	100	65	40	66	72.5	5	13×19.5
500	400、480	155	120	85	40	66	72.5	5	13×19.5

9.2　低压成套配电装置外形图

9.2.1　PGL 型低压配电屏

　　PGL 型配电屏结构为开启式、双面维护,用薄钢板及角钢焊接组合而成,屏前有门,屏面上方有仪表板,组合安装的屏与屏之间加有钢板弯制而成的隔板,以防止事故扩大,屏后骨架上方,主母线安装于绝缘框上,上有防护罩,中性母线安装在屏下的绝缘子上。有良好的保护接地系统,骨架下方焊有主接地点,仪表门上也有接地点。

　　PGL 型配电屏外形结构尺寸如图 9.28 所示,其安装尺寸如图 9.29 和表9.11 所示。

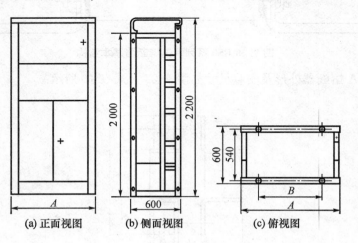

| (a) 正面视图 | (b) 侧面视图 | (c) 俯视图 |

图 9.28　PGL 型配电屏外形尺寸

表 9.11　PGL 型配电屏安装尺寸　　（mm）

屏宽 A	安装孔距 B
400	200
600	400
800	600
1 000	800

9.2.2　JK 型配电柜

　　JK 型交流低压配电柜可用于厂矿企业的低压配电系统中,作为受电及馈电之用。JK 型配电柜外形及安装尺寸如图 9.30、表 9.12 所示。

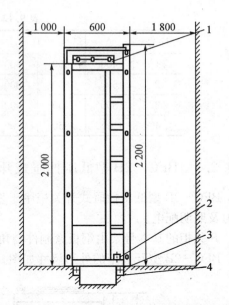

图 9.29　PGL 型配电屏外形结构安装尺寸

1—母线绝缘框;2—中性线绝缘子;
3—M12 螺栓;4—6×50×100 槽钢;5—电缆沟

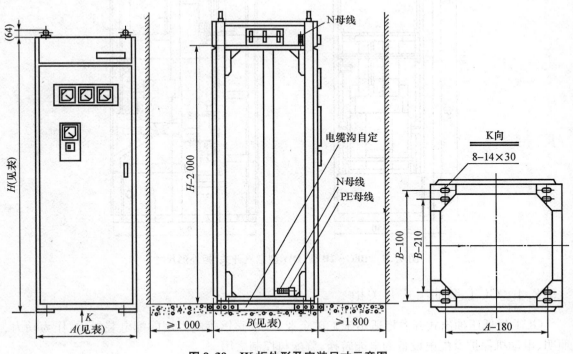

图 9.30　JK 柜外形及安装尺寸示意图

表 9.12　JK 柜外形安装尺寸　　　　　　　　　　　（mm）

序号	A	B		H			备注
1	400	650	800	1 800	2 000	2 200	前后单门
2	600	650	800	1 800	2 000	2 200	前后单门
3	800	650	800	1 800	2 000	2 200	前后单门
4	1 000	650	800	1 800	2 000	2 200	前后双门

9.2.3　BFC-2B 型低压抽屉式开关柜

BFC-2B 型低压抽屉式开关柜用于发电厂、变电所、高层建筑、地下设施及工矿企业中的动力及照明配电。

开关柜的基本骨架由钢板弯制件与角钢焊接而成,主要有抽屉式和手车式两种。

BFC-2B 型开关柜的外形尺寸如图 9.31 所示。

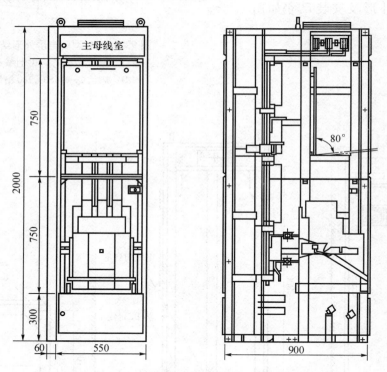

图 9.31　BFC-2B 型(DW 型空气开关)柜外形尺寸

9.2.4　GCT 型抽出式开关柜

GCT 型低压抽出式开关柜适用于工矿企业、大楼宾馆等电力用的配电装置中,作为动力、照明、电动机保护及配电设备的电能转换、分配与控制之用。

开关柜柜体基本结构由 C 型型材组装而成。C 型型材是以 25 mm 为模数安装孔的钢板弯制而成,全部柜架及内层隔板采用镀锌钝化处理,四周门板、侧板采用静电喷粉。

电动机控制中心(MCC)柜外形结构安装尺寸如图 9.32 所示。

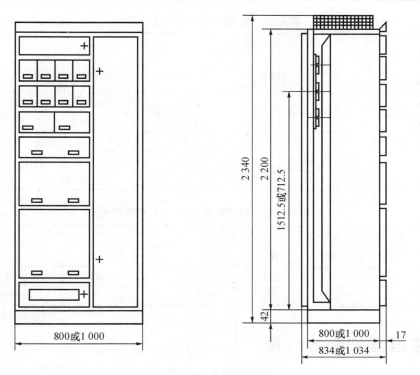

图 9.32　MCC柜外形结构安装尺寸

9.2.5　MNS系列配电柜

　　MNS系列低压开关柜分为固定式和抽屉式两种,抽屉式又分为钢板结构和塑料结构。该配电柜适用于工矿企业、高层建筑、宾馆商场、医院、机场、港空等作为配电及动力控制之用。

　　柜体外形如图9.33所示,动力中心(PC)柜外形尺寸见表9.13,电动机控制中心(MCC)柜外形尺寸见表9.14。

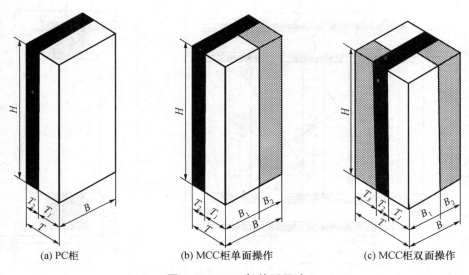

(a) PC柜　　　　　　(b) MCC柜单面操作　　　　　(c) MCC柜双面操作

图 9.33　MNS柜外形尺寸

表 9.13　动力中心 PC 柜外形尺寸　　　　　　　　（mm）

高	宽	深			备　注
H	B	T	T_1	T_2	
2 200	400	1 000	800	200	主母线转接
2 200	400	1 000	800	200	FIS‐1250‐2000 ME630‐1605
2 200	600	1 000	800	200	F2S‐2500
2 200	800	1 000	800	200	F4S‐3200 ME2000‐2505
2 200	1 000	1 000	800	200	F5S‐4000 ME3205
2 200	1 200	1 000	800	200	ME4005

表 9.14　电动机控制中心 MCC 柜外形尺寸　　　　　　　（mm）

高	宽			深			备　注
H	B	B_1	B_2	T	T_1	T_2	
2 200	1 000	600	400	600	400	200	单面操作 MCC
2 200	1 000	600	400	1 000	400	200	面操作 MCC

9.3　变压器安装尺寸图

9.3.1　配电变压器外形安装尺寸

SC 系列环氧树脂浇注干式变压器外形结构及安装尺寸图见图 9.34;35/0.4kV SC 系列环氧树脂浇注干式变压器技术数据及外形尺寸见表 9.15。

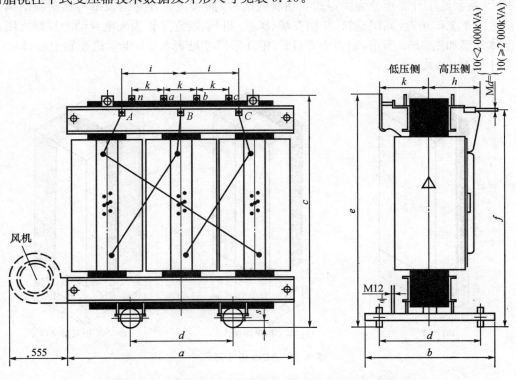

图 9.34　SC 系列环氧树脂浇注干式变压器外形结构及安装尺寸

表 9.15 35/0.4kV SC 系列环氧树脂浇注干式变压器技术数据及外形尺寸

型 号	额定容量 (kV·A)	空载损耗 (W)	短路损耗 (W)	空载电流 (%)	阻抗电压 (%)	噪声 (dB)	质量 (kg)	外 形 尺 寸 (mm)										
								a	b	c	d	e	f	g	h	l	k	s
SC-100/35	100	640	2600	2.6	6	56	840	1440	720	1280	550	1210	1150	255	540	350	150	40
SC-125/35	125	800	2650	2.5	6	59	950	1440	720	1290	550	1220	1160	280	555	350	150	40
SC-160/35	160	850	2900	2.4	6	59	1050	1440	720	1350	550	1280	1220	280	555	350	150	40
SC-200/35	200	900	3200	2.2	6	59	1150	1440	720	1420	550	1350	1290	280	555	350	150	40
SC-250/35	250	950	3900	2.0	6	59	1300	1470	720	1600	550	1615	1470	280	555	350	200	40
SC-315/35	315	1200	4250	2.0	6	61	1600	1620	870	1695	660	1695	1565	290	570	350	200	40
SC-400/35	400	1600	4300	1.9	6	61	1950	1710	870	1555	660	1565	1425	305	580	350	200	40
SC-500/35	500	1800	4800	1.9	6	63	2180	1710	870	1605	660	1655	1475	380	585	350	200	40
SC-630/35	630	2100	7900	1.8	6	63	2500	1830	870	1775	660	1825	1645	385	590	350	250	40
SC-800/35	800	2600	8600	1.5	6	66	3120	1920	1085	1940	820	1975	1810	390	595	350	300	50
SC-1000/35	1000	3350	9400	1.4	6	66	3800	1920	1085	1900	820	1945	1800	390	615	350	300	50
SC-1250/35	1250	3800	13200	1.3	6	67	4200	2050	1085	2040	820	2110	1905	400	625	350	350	50
SC-1600/35	1600	4500	15100	1.2	6	68	5380	2200	1085	2020	820	2110	1890	430	645	350	350	50
SC-2000/35	2000	4800	17600	1.1	6	68	6110	2290	1085	2210	820	2300	2080	430	645	350	350	50
SC-2500/35	2500	5000	19000	1.1	7	73	6600	2290	1085	2370	820	2460	2240	425	640	350	350	50
SC-3150/35	3150	7700	22700	1.0	7	74	8900	2640	1340	2370	1070	2460	2240	470	685	350	350	50
SC-4000/35	4000	7900	29500	1.0	9	74	9710	2740	1340	2490	1070	2580	2360	470	685	350	350	50
SC-5000/35	5000	9700	30000	0.9	9	74	11670	2980	1340	2370	1070	2425	2240	500	705	350	350	50
SC-6300/35	6300	11500	36000	0.8	9	75	13860	3060	1840	2600	1475	2700	2700	500	705	350	350	50
SC-8000/35	8000	13500	39700	0.8	9	75	16100	3210	1840	2810	1475	2865	2680	490	715	350	350	50
SC-10000/35	10000	15900	44200	0.8	9	76	21150	3480	1840	2740	1475	2790	2605	555	760	350	500	50
SC-12500/35	12500	18700	53000	0.7	9	76	25010	3650	1840	2900	1475	2950	2760	585	800	500	500	50
SC-16000/35	16000	22200	63600	0.6	9	76	30100	3860	1840	3060	1475	3110	2910	620	850	500	500	50

9.3.2 配电变压器落地式安装图

对于 6～10 kV 容量 200～1 600 kV·A 的 S9 型配电变压器,采用高压架空进线时露天变电所设备布置可按图 9.35 所示尺寸进行安装。

9.3.3 配电变压器台架式安装图

6～10 kV 容量为 315 kV·A 的配电变压器,一般都是安装在水泥电杆的台架上,这种配电变压器台架安装方式可采用图 9.36 的方案。

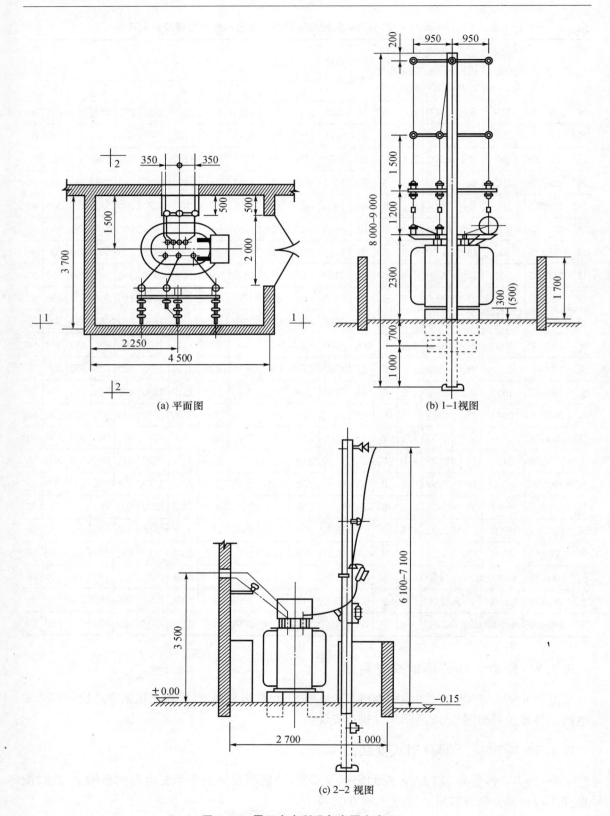

(a) 平面图

(b) 1-1视图

(c) 2-2 视图

图 9.35　露天变电所设备布置方案之一

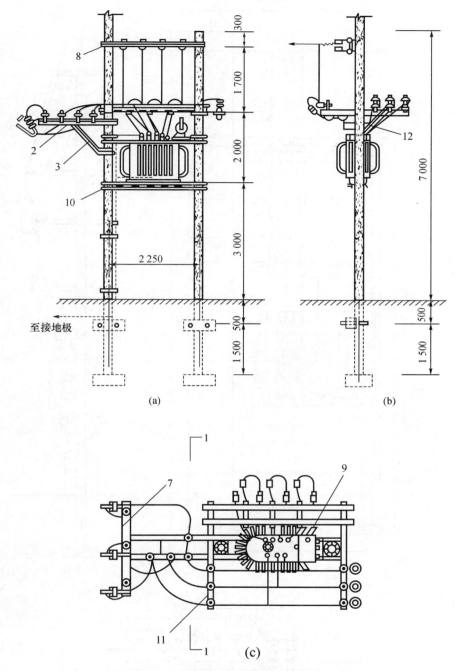

图 9.36 配电变压器台架安装方式之一

城镇街道 315 kV·A 以下的配电变压器柱上台架安装方式如图 9.37 所示。

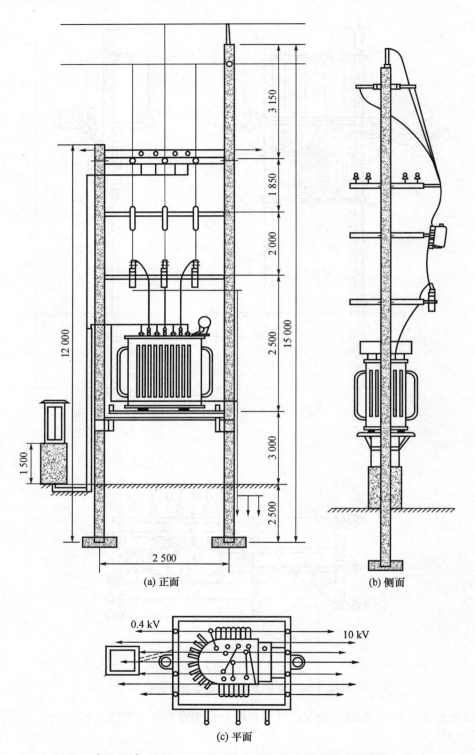

(a) 正面　　　　　　　　　　(b) 侧面

(c) 平面

图 9.37　城镇街道 10 kV、315 kV·A 以下配电变压器台架安装方式

9.3.4 配电变压器室内安装图

常用的 10/0.4 kV、容量为 200～1 600 kV·A 的 S9、SL7 型配电变压器室内安装示意如图 9.38 所示,其最小安装尺寸如表 9.16 所示。

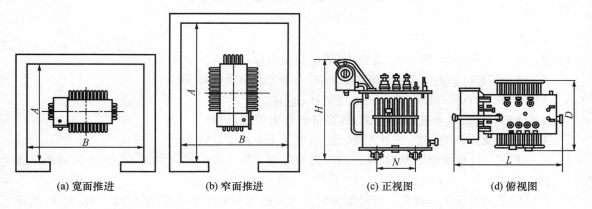

(a) 宽面推进　　　　(b) 窄面推进　　　　(c) 正视图　　　　(d) 俯视图

图 9.38　10/0.4kV 容量为 200～1600kV·A 的 S9、SL7 型配电变压器室内安装示意图

表 9.16　S9 型、SL7 型配电变压器室内最小安装尺寸

型　号	额定容量(kV·A)	变压器尺寸和重量						变压器室内最小尺寸(mm)			
								宽面推进		窄面推进	
		L(mm)	D(mm)	H(mm)	N(mm)	起吊高度(mm)	总重量(kg)	B	A	B	A
S9	200	1440	900	1430	550	3000	960	3100	2700	2500	3300
	250	1480	925	1490	660	3100	1245	3100	2700	2500	3300
	315	1530	930	1520	660	3100	1390	3200	2800	2600	3400
	400	1830	1060	1575	660	3200	1645	3500	2900	2700	3700
	500	1845	1080	1615	660	3200	1900	3500	2900	2700	3700
	630	1720	1200	1960	820	3700	2825	3300	3000	2800	3500
	800	2005	1550	2300	820	3850	3215	3500	3000	2800	3700
	1000	2265	1300	2480	820	4200	3945	4000	3100	2900	4200
	1250	2295	1310	2605	1070	4500	4650	4100	3200	3000	4300
	1600	2335	1400	2680	1070	4900	5205	4100	3400	3200	4300
SL7	200	1440	830	1640	550	3250	1070	3100	2700	2500	3300
	250	1450	850	1710	660	3400	1235	3100	2700	2500	3300
	315	1700	920	1810	660	3600	1470	3300	2800	2600	3500
	400	1700	900	2000	660	3800	1790	3300	2800	2600	3500
	500	1540	1060	2050	660	3800	2050	3200	2900	2700	3400
	630	1675	1200	2280	820	4500	2770	3500	3000	2800	3700
	800	2380	1160	2640	820	4500	3200	4000	3000	2800	4100
	1000	2430	1300	2900	820	5000	3980	4000	3100	2900	4200
	1250	2260	1320	2940	820	5100	4650	3900	3100	2900	4100
	1600	2300	1340	3100	820	6000	5620	3900	3200	3000	4100

参 考 文 献

1 实用电子工程制图. 童幸生. 北京:高等教育出版社,2003
2 工程制图(非机械类专业). 韩满林. 北京:电子工业出版社,2005
3 工程制图. 汤百智. 北京:电子工业出版社,2004
4 工程制图基础. 宋子玉,姚陈. 北京:高等教育出版社,1999
5 工程制图及计算机绘图. 云建军等. 北京:电子工业出版社,2005
6 工程制图与计算机绘图基础(第二版). 北京邮电大学工程画教研室编. 北京:人民邮电出版社,2002
7 常用低压电器设备与成套装置外形安装尺寸及接线方案标准工程图集. 臧广州. 天津:天津电子出版社,2004
8 现代工程制图. 李丽. 北京:高等教育出版社,2005
9 中文版 AutoCAD 2008 实用教程. 黄和平. 北京:清华大学出版社,2007
10 工程制图(第二版). 高俊亭,毕万年. 北京:高等教育出版社,2003
11 电子电气制图. 梁鼎猷等. 北京:高等教育出版社,1990
12 电工应用识图. 耿淬. 北京:高等教育出版社,1999
13 电工制图普及教程. 于庆祯编著. 北京:中国标准出版社,1991
14 电气安装识图与制图. 金亮等. 北京:中国建材工业出版社,2000
15 电气工程制图. 钱可强,王槐德,韩满林. 北京:化学工业出版社,2005
16 电气制图与读图(第二版). 何利民,尹全英. 北京:机械工业出版社,2005
17 电气制图与识图. 李显民. 北京:中国电力出版社,2006
18 电子工程制图. 徐耀生等. 北京:机械工业出版社,2004
19 画法几何及工程制图(第三版). 唐克中,朱同均. 北京:高等教育出版社,2002